複眼カメラ

トンボの眼から学ぶ複眼撮像システム

谷田 純
[著]

朝倉書店

はじめに

　トンボの眼をご存知ない方はおられないだろう．あの特徴的な形状と吸い込まれるような鈍い輝きは一度見たら忘れられないものである．小さい頃，トンボの眼は非常に多数の眼が集まってできたものだと知り，「トンボは一体どのように世界を見ているのだろう？」と疑問に思った．トンボの前で指をくるくると動かすとトンボが眼をまわすと聞いて何度となく試したが，すぐに逃げられてしまい一度も成功したことはなかった．

　このように多数の眼が集まってできた眼は複眼と呼ばれ，トンボの場合，数万個にも及ぶ非常に小さなレンズが集まって，全体として視覚センサの機能を果たしている．複眼は，昆虫をはじめ，エビやカニなどの節足動物の視覚器官

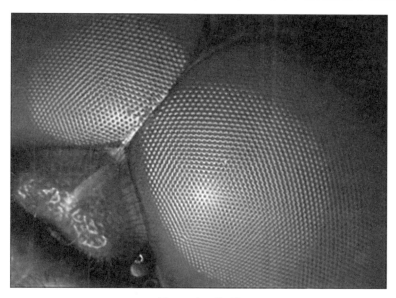

図 0.1　トンボの眼

として多く見られるもので，生物学では古くから研究の対象になっていた[1]．その特徴的な形状から，特殊なものと思われる複眼であるが，地球上に現存する生物種の6割が昆虫であると言われており，それらの視覚器官が複眼であることを考慮すれば，とてもポピュラーな視覚器官といえる．むしろ哺乳類や人間がもつ眼の方が特殊であると考えることもできる．

　私たち人間の眼は高度に発達した視覚器官であり，複眼にはない特性や機能をもっている．その観点から，より優れた特性や高い機能性をもつ人間の眼を研究対象にするのが合理的である．実際，多くのイメージング機器は人の眼を模倣し，その機能を実現するように開発されてきた．しかし，すべての課題や用途に対して，そのようなイメージング機器が適しているとは必ずしも言えない．多様な問題や応用に適用するためには，異なった方式に基づいた技術を検討することはとても意味がある．そのような研究対象として，複眼は興味深い特徴をもつ視覚器官である．

　生物は，進化の過程で壮絶な生存競争にさらされてきた．現存する生物は，その生存競争に勝ち抜いてきたものか，あるいは競争には加わらずひっそりと身を潜めてきたものが残っている．その仮説を受け入れるならば，これだけ多数の複眼が現存するという事実と照合すると，複眼には厳しい生存競争を勝ち抜くだけの優位性があるに違いない．筆者はそのような直感に従い，複眼に倣ったイメージングシステムの研究を進めてきた．

　複眼は，私たち人間の眼とは異なったアプローチにより視覚器官としての発展を遂げてきた[2]．多数の眼の集合体であることから，一見複雑な構造をもつように考えられるが，実際はそうではなく，じつに合理的なシステムである．一度に非常に広い範囲を見ることができ，複眼がとらえた光信号に対して特別な処理をすることなく対象物体の形状や動きを再現できる．物体を追いかけるための眼球を動かす機構などは不要であり，昆虫など限られた大きさの脳しかもたない小動物に適した極めて合理的で簡潔な視覚器官といえる．

　複眼に限らず，生物の多様性はさまざまな技術分野でヒントを与えてくれる．先に述べたように，現存する生物は進化の過程で自然淘汰を勝ち残ってきたものであり，何らかの観点で優れた機能や特徴を有している．そのため，生物の

構造や機能を模倣することは，その生物がもつ優れた特徴を活かすことに他ならない．このように，生物の形態や機能に倣って新しい機構や方式を実現する手法は，バイオミメティクスと呼ばれ，新たな装置やシステムを開発する上で非常に有用なものである[3]．生物と先端技術が結びつく意外性や新たな発想をもたらす新規性，さまざまな課題に対する実効性などの点からも身近なサイエンスとして取り上げられることも多い[4]．多くの人に知ってもらいたい科学技術の方法論である．

　本書では，バイオミメティクスの中でもわかりやすく，かつ，広い範囲にわたって応用することができる複眼に基づいたイメージングシステムを取り上げる．著者は，複眼にヒントを得た撮像システムとして，TOMBO (Thin Observation Module by Bound Optics)[5, 6] という複眼撮像システムを研究してきた．説明するまでもなく，この名称は昆虫のトンボからの連想によって名付けられたものである．しかし，TOMBO は必ずしもトンボの複眼をそのまま模倣したものではなく，構造や機能的には異なる点も多い．これは，利用可能な技術が限られていることや，既存技術の特性を考慮すると生物の完全な模倣が必ずしも合理的とは限らないこと，などの理由による．たとえそのような形態であったとしても，複眼によって得られる特徴が色褪せるものではない．与えられた条件のもとで，さまざまな課題を解決しながら，最善の解を見つけていくことこそ，科学技術の醍醐味である．

　このようにして開発された複眼撮像システムは，コンパクトなハードウェアでありながら，多数の機能を効率よく集積することができる．しかもシステム構成の組み合わせ自由度は大きく，高い拡張性をもっている．微小光学技術や半導体集積回路との親和性も高く，情報技術との連携も容易である．そのため，既存の光学機器やイメージングデバイスを活用すれば，比較的容易に複眼撮像システムを実現できる．さらに，イメージセンサレベルからの設計と組み合わせることで，さらに高性能な複眼撮像システムを開発することもできる．

　複眼撮像システムによりさまざまな物体情報を取得することができる．複数の視点からの視差情報を利用すれば被写体までの距離を取得できるし，複眼を構成する個眼ごとに異なる波長フィルタを挿入すればマルチスペクトル画像を

得る．さらに，複雑な物体情報に対する撮像形態の工夫により，既存の手法では実現できなかった高性能・高機能なイメージングが可能になる．この手法は，計算イメージング，あるいはコンピュテーショナルイメージングと呼ばれ，光学系と演算処理を融合させた新しいイメージング技術として発展している[7]．複眼撮像システムは，光学特性を自由にカスタマイズできるため，コンピュテーショナルイメージングの実行デバイスとしても有用である．その結果，多様な用途に適用することが可能であり，IoT センシングデバイスから医用応用までさまざまな分野における利用が期待される．

　以下，本書では，イメージングや複眼に関連する基礎的な項目について説明した後，光学システムとしての複眼光学系を紹介する．具体的なシステムとして，複眼撮像システム TOMBO を取り上げ，その構成やハードウェア実装について解説する．その上で TOMBO の特徴を活用した利用法を説明していく．具体的な TOMBO の応用事例を紹介し，さらなる拡張を実現する情報科学や数理科学との連携について述べる．これらにより，理系大学生や光学研究者のみならず，さまざまな課題に携わる一般技術者にとって有用な複眼撮像システムに関する専門書をめざした．

　本書の内容は多数の共同研究者や学生との研究で生み出されたものである．さまざまな課題にもかかわらず，ここまでたどり着くことができたことに改めて感謝したい．

2024 年 8 月

谷田　純

研究協力者（敬称略，順不同）

一岡芳樹	北村佐津木	熊谷知哉	北村嘉郎	
山田憲嗣	宮崎大介	宮武茂博	宮本 勝	石田耕一
森本隆史	近藤教之	政木康生	豊田 孝	中尾良純
仁田功一	生源寺類	入江 覚	香川景一郎	池田貴裕
小倉裕介	堀﨑遼一	中村友哉	藤井慶太	深田直紀
西﨑陽平	田邊浩之	美馬大樹	秋山寛次	中西哲也
木村彬仁	赤尾佳則	緒方智壽子	谷 紳一	

目　　次

1. 光　と　眼 ……………………………………………………………… 1
　1.1　光　と　は ………………………………………………………… 1
　　1.1.1　波動としての光 …………………………………………… 1
　　1.1.2　光線としての光 …………………………………………… 4
　　1.1.3　粒子としての光 …………………………………………… 5
　1.2　眼　と　は ………………………………………………………… 5
　　1.2.1　目　と　眼 …………………………………………………… 5
　　1.2.2　眼　の　分　類 …………………………………………… 6
　1.3　複　眼　と　は …………………………………………………… 8
　　1.3.1　複眼の分類 …………………………………………………… 8
　　1.3.2　連　立　像　眼 …………………………………………… 9
　　1.3.3　重　複　像　眼 …………………………………………… 12
　1.4　バイオミメティクス ……………………………………………… 14

2. イメージングの基礎 ………………………………………………… 16
　2.1　光学と計算科学 …………………………………………………… 16
　　2.1.1　イメージングとイメージング技術 …………………… 16
　　2.1.2　カメラと画像 ……………………………………………… 16
　　2.1.3　デジタル画像 ……………………………………………… 17
　　2.1.4　光学と計算科学の融合 ………………………………… 19
　2.2　撮像モデル ………………………………………………………… 20
　　2.2.1　物体情報と光 ……………………………………………… 20

vi　　　　　　　　　　　　目　　　次

2.2.2　ピンホールカメラ …………………………………… 21

2.2.3　幾何学的イメージングモデル ……………………… 22

2.2.4　レジストレーション ………………………………… 23

2.2.5　光線情報と物体像 …………………………………… 23

2.3　ライトフィールド ………………………………………… 24

2.3.1　光線情報の記述 ……………………………………… 24

2.3.2　ライトフィールドとは ……………………………… 27

2.3.3　ライトフィールドレンダリング …………………… 28

2.4　イメージングの数理モデル ……………………………… 30

2.4.1　線形イメージングモデル …………………………… 30

2.4.2　擬似逆行列 …………………………………………… 31

2.4.3　数理最適化 …………………………………………… 32

3.　イメージング光学系 ………………………………………… 33

3.1　レ　ン　ズ ………………………………………………… 33

3.1.1　レンズとは …………………………………………… 33

3.1.2　レンズの理論 ………………………………………… 34

3.1.3　レンズの主要点 ……………………………………… 36

3.2　結像光学系 ………………………………………………… 37

3.2.1　レンズによる結像 …………………………………… 37

3.2.2　被写界深度 …………………………………………… 39

3.2.3　収　　　差 …………………………………………… 39

3.3　空間周波数解析 …………………………………………… 41

3.3.1　空間周波数 …………………………………………… 41

3.3.2　画像のフーリエ解析 ………………………………… 42

3.3.3　イメージングのフーリエ解析 ……………………… 43

3.3.4　画像修正フィルタリング …………………………… 44

3.4　ハイブリッド光学系 ……………………………………… 45

3.4.1　ライトフィールドカメラ …………………………… 46

目　　　次　　　　　　　　vii

　　3.4.2　マルチスケールレンズシステム 47

4. 複 眼 光 学 系 50

　4.1　均一複眼光学系 50

　　4.1.1　均一複眼光学系の特性 50

　　4.1.2　均一複眼光学系モデル 52

　　4.1.3　物体距離依存性 52

　4.2　複眼光学系の空間周波数特性 54

　　4.2.1　均一複眼光学系の特性 54

　　4.2.2　問題の解決 56

　4.3　複眼撮像システム 58

　　4.3.1　構　成　法 58

　　4.3.2　複眼撮像のカスタマイズ 59

　4.4　人工複眼システム 62

　　4.4.1　連立像眼模倣システム 62

　　4.4.2　拡張連立像眼システム 62

　　4.4.3　複眼撮像システム TOMBO 63

　　4.4.4　人工複眼システムの分類 65

5. 複眼撮像システム TOMBO 66

　5.1　TOMBO とは 66

　　5.1.1　概　　　要 66

　　5.1.2　基 本 構 成 67

　5.2　個眼ユニットの分離 69

　　5.2.1　信号分離隔壁 69

　　5.2.2　偏光フィルタによる信号分離 71

　5.3　個眼ユニットの機能設定 71

　　5.3.1　基 本 原 理 71

　　5.3.2　同種均一個眼ユニット 72

viii　　　　　　　　　　目　　　　次

　5.3.3　異種混合個眼ユニット ·· 73
　5.3.4　さらなる機能拡張 ·· 73

6. TOMBO のハードウェア実装 ··· 75
　6.1　TOMBO 試作システム ·· 75
　　6.1.1　TOMBO 評価システム ··· 75
　　6.1.2　一体型 TOMBO モジュール ·· 77
　　6.1.3　カラー CCD 評価システム ··· 78
　　6.1.4　TOMBO-Plaza 1 ·· 80
　　6.1.5　船井 TOMBO モジュール ·· 82
　　6.1.6　PiTOMBO ·· 84
　6.2　TOMBO システムの実装技術 ··· 85
　　6.2.1　TOMBO の構成ハードウェア ······································ 85
　　6.2.2　光 学 素 子 ··· 86
　　6.2.3　信号分離隔壁 ·· 88
　　6.2.4　イメージセンサ ·· 89
　　6.2.5　制御プロセッサ ·· 90

7. 基本的な利用法 ··· 91
　7.1　画像再構成 ·· 91
　　7.1.1　画素サンプリング法 ·· 91
　　7.1.2　レジストレーション法 ·· 92
　　7.1.3　画素再配置法 ·· 94
　　7.1.4　線形システムモデル法 ·· 95
　7.2　距 離 計 測 ·· 95
　　7.2.1　ステレオ法 ·· 96
　　7.2.2　レジストレーション誤差評価法 ···································· 99
　　7.2.3　距離計測法の比較 ··101

| 目　　　次 | ix |

7.3　カラー撮像 ·· 102

　　7.3.1　カラー化方式 ··· 102

　　7.3.2　RGB 撮 像 ·· 102

　　7.3.3　マルチスペクトル撮像 ································· 103

　　7.3.4　光強度ダイナミックレンジ拡張 ······················· 104

7.4　並列画像計測 ·· 104

　　7.4.1　偏 角 画 像 ·· 106

　　7.4.2　視 野 拡 張 ·· 106

　　7.4.3　偏 光 画 像 ·· 107

　　7.4.4　動 き 計 測 ·· 107

7.5　TOMBO 構成における留意事項 ······························ 109

　　7.5.1　画素ずれ問題 ·· 109

　　7.5.2　光学特性のばらつき ···································· 110

8.　発展的な利用法 ·· 112

8.1　不規則配列法 ·· 112

　　8.1.1　遠距離撮像の課題 ······································ 112

　　8.1.2　不規則配列の導入 ······································ 113

　　8.1.3　不規則配列の最適化 ···································· 114

　　8.1.4　複眼配列による特性比較 ································ 116

8.2　超　解　像 ·· 118

　　8.2.1　撮像解像度の課題 ······································ 118

　　8.2.2　超解像処理 ·· 119

　　8.2.3　反復逆投影法 ·· 119

8.3　ライトフィールド撮像 ·· 120

　　8.3.1　ライトフィールドカメラの課題 ·························· 120

　　8.3.2　複眼ライトフィールドカメラ ···························· 122

8.4　フレキシブル TOMBO ·· 124

　　8.4.1　撮影視野の制御 ·· 124

8.4.2 フレキシブル基板の導入 ······················· 125

9. さまざまな応用 ······································· 127

9.1 歯 科 計 測 ······································· 127

9.1.1 課　　題 ······································· 127

9.1.2 複眼撮像システムの適合性 ······················· 128

9.1.3 試 作 シ ス テ ム ······························· 128

9.1.4 計 測 結 果 ································· 131

9.2 立 体 内 視 鏡 ································· 132

9.2.1 課　　題 ······································· 132

9.2.2 複眼撮像システムの適合性 ······················· 133

9.2.3 試作システム 1 ······························· 133

9.2.4 試作システム 2 ······························· 133

9.3 ドローン応用計測 ······························· 135

9.3.1 課　　題 ······································· 135

9.3.2 複眼撮像システムの適合性 ······················· 136

9.3.3 試 作 シ ス テ ム ······························· 137

9.4 バイオメトリクス認証 ······················· 140

9.4.1 課　　題 ······································· 140

9.4.2 複眼撮像システムの適合性 ······················· 140

9.4.3 TOMBO システムによる接写撮影 ················· 140

9.5 文 書 鑑 定 ······························· 142

9.5.1 課　　題 ······································· 142

9.5.2 複眼撮像システムの適合性 ······················· 142

9.5.3 偏角撮像システム ······························· 142

9.5.4 ハンドヘルド型偏角撮像システム ················· 143

9.6 3次元画像インターフェース ······················· 145

9.6.1 インテグラルフォトグラフィ ····················· 145

目　　　次　　　　　　　xi

9.6.2　3次元画像インターフェースの実装 ･･････････････････････ 146

10.　情報科学・数理科学による拡張 ･･････････････････････････ 148

10.1　計算イメージング ･････････････････････････････････････ 148

10.1.1　イメージングの進化 ･････････････････････････････ 148

10.1.2　ライトフィールドイメージング ･･･････････････････ 150

10.1.3　PSF 制御イメージング ･･･････････････････････････ 151

10.1.4　計算イメージングの動向と複眼撮像システム ･･･････ 154

10.2　圧縮イメージング ･････････････････････････････････････ 155

10.2.1　圧縮センシング ･･････････････････････････････････ 155

10.2.2　圧縮イメージング ･･･････････････････････････････ 157

10.2.3　複眼撮像システムによる実装 ･････････････････････ 158

10.2.4　重畳イメージング ･･･････････････････････････････ 159

10.3　機械学習イメージング ･････････････････････････････････ 161

10.3.1　機 械 学 習 ･････････････････････････････････････ 161

10.3.2　ニューラルネットワーク ･････････････････････････ 162

10.3.3　機械学習イメージング ･･･････････････････････････ 163

10.3.4　複眼画像再構成 ･･････････････････････････････････ 166

10.4　光学系の仮想化 ･･･････････････････････････････････････ 168

10.4.1　ライトフィールドイメージング ･･･････････････････ 168

10.4.2　位相変調ライトフィールドイメージング ･･･････････ 169

10.5　ブロックチェーンとの連携 ･････････････････････････････ 171

10.5.1　ブロックチェーン ･･･････････････････････････････ 171

10.5.2　スマートコントラクト ･･･････････････････････････ 172

10.5.3　時空間認証カメラ ･･･････････････････････････････ 173

11.　さらなる発展に向けて ･････････････････････････････････ 175

11.1　個眼ユニット数 ･･･････････････････････････････････････ 175

xii 目 次

11.2 光学系／演算系バランス ······································· 178

11.3 連立像眼と重複像眼 ·· 180

おわりに ·· 185

文　　献 ·· 189

索　　引 ·· 195

1

光　と　眼

　本章では，光と眼にまつわる一般的な事項から，複眼カメラを理解する上で有用と思われる内容について紹介する．まず，光とは何かについて，電磁気学，幾何光学，そして，量子論の観点から説明する．そして，生物が光情報を捉える視覚器官である眼について解説する．大まかな分類について述べた後，本書の主題である複眼について説明する．

1.1　光　と　は

1.1.1　波動としての光

　物理現象としての光にはさまざまな捉え方があり，利用する問題に適した使い分けが必要である．複眼の構造や機能を説明する上では，光線としての取り扱いが便利だが，発展的な応用までを考えるためには，光の全体像を知っておくことは有益と考えられる．

　電磁気学の基本原理は Maxwell がまとめた四つの方程式によって記述される[8]．

$$\mathrm{div}\boldsymbol{D} = \rho \tag{1.1}$$

$$\mathrm{div}\boldsymbol{B} = 0 \tag{1.2}$$

$$\mathrm{rot}\boldsymbol{H} - \frac{\partial \boldsymbol{D}}{\partial t} = \boldsymbol{i} \tag{1.3}$$

$$\mathrm{rot}\boldsymbol{E} + \frac{\partial \boldsymbol{B}}{\partial t} = 0 \tag{1.4}$$

ここで，電束密度 $\boldsymbol{D}$，磁束密度 $\boldsymbol{B}$，磁場 $\boldsymbol{H}$，電場 $\boldsymbol{E}$，電荷密度 ρ，変位電流

2   1. 光 と 眼

i である．div と rot はそれぞれベクトル演算子の発散と回転を示す．

式 (1.1) は静電場における Gauss の法則，式 (1.2) は静磁場における Gauss
の法則，式 (1.3) は Ampére–Maxwell の法則，式 (1.4) は Faraday の電磁誘導
の法則である．

Maxwell は $\rho = 0$, $i = 0$ を満たす自由空間を考え，電束密度と電場，磁束密
度と磁場について，以下の関係を仮定した．

$$D = \varepsilon E \tag{1.5}$$

$$B = \mu H \tag{1.6}$$

ここで，誘電率 ε，透磁率 μ であり，それぞれ，真空の場合には ε_0, μ_0 と書く．

これらの仮定により，各式を組み合わせていくと，電場と磁場が満たす以下
の方程式が得られる．

$$\left(\Delta - \varepsilon\mu\frac{\partial^2}{\partial t^2}\right) E(\mathbf{x}, t) = 0 \tag{1.7}$$

$$\left(\Delta - \varepsilon\mu\frac{\partial^2}{\partial t^2}\right) B(\mathbf{x}, t) = 0 \tag{1.8}$$

ここで，Δ はベクトル演算子のラプラシアンを示す．この微分方程式は波動方
程式と呼ばれ，自由空間内を伝播する波動を表している．これにより，Maxwell
は電場と磁場の波動である電磁波の存在を予言した．その後，Hertz が実験的
に電磁波を発見し，その存在が実証された．

図 1.1 に電磁波が伝播する様子を示す．図に示されるように，電磁波は電場
と磁場が絡み合って自由空間を伝播する横波である．また，x 方向と y 方向に
独立した振動成分をもつベクトル波であることも示される．

偏波成分を考慮する必要がない場合，電場，あるいは，磁場の大きさを光学
的変位 u というスカラー量で表すことにより，簡単化された電磁波の表現式を
導くことができる．

$$u(\mathbf{r}, t) = A\cos(\mathbf{k} \cdot \mathbf{r} - \omega t + \phi) \tag{1.9}$$

ここで，位置ベクトル $\mathbf{r} = (x, y, z)$，時間 t，振幅 A，伝播ベクトル $\mathbf{k} = (k_x, k_y, k_z)$，角振動数 ω，初期位相 ϕ である．k_x, k_y, k_z はそれぞれ x, y, z 方
向の波数成分，・は内積を表す．これより，電磁波は簡単な正弦波として表現で

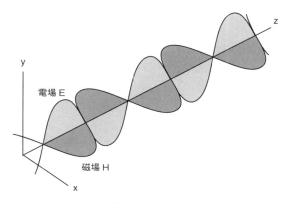

図 1.1 電磁波

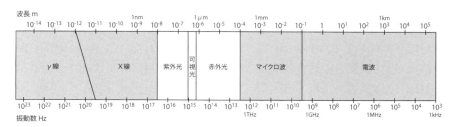

図 1.2 電磁波とその名称

きることがわかる.

　電磁波は，その波長（あるいは振動数）によって，多様な物理現象・化学現象を誘起することが知られている．波動の波長 λ，振動数 ν と伝播速度 v の間には次の関係が成り立つ．

$$v = \lambda\nu \tag{1.10}$$

均一な媒質中では，電磁波の伝播速度は一定であり，波長と振動数は反比例の関係にある．これを考慮して，真空中での波長，振動数に対応した電磁波の名称を図 1.2 にまとめる．

　説明が少し回りくどくなったが，光は人間が知覚することができる波長あるいは振動数をもった電磁波である．すなわち，波長 380nm から 770nm の範囲にある電磁波が可視光と呼ばれる．また，近接する波長領域の短波長側が紫外光，長波長側は赤外光と呼ばれる．

このように，光は波として扱うことができ，光波と呼ばれる．波としての光の性質（波動性）により，干渉や回折などの光学現象が引き起こされる．光を光波として捉える光学分野は，波動光学と呼ばれる．

1.1.2　光線としての光

実世界における重要な光学現象として結像があげられる．生物の眼が被写体の像を捉える現象は結像として説明される．結像の問題は，光の波動性を近似的に無視する幾何光学によって記述される[9]．

波長 λ が非常に短いとする近似により，次式が得られる．

$$\left(\frac{\partial L}{\partial x}\right)^2 + \left(\frac{\partial L}{\partial y}\right)^2 + \left(\frac{\partial L}{\partial z}\right)^2 = n^2 \tag{1.11}$$

$L(x,y,z)$ は光波の伝搬における光路長を表す関数でアイコナールと呼ばれ，n は屈折率である．式 (1.11) はアイコナール方程式と呼ばれ，光の波長が無視できるほど短いと仮定した場合の光波の状態を与える方程式である．この方程式の解は，

$$L(x,y,z) = \int_\ell |\nabla L| ds = \int_\ell n ds \tag{1.12}$$

であり，これは光源からの光路長になる．ここで，ℓ は光の経路，ds は経路に沿った微小要素である．

図 1.3 に示すように，光波が伝搬するとき，位相が等しい等位相面を考える

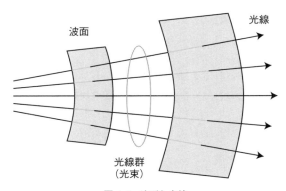

図 1.3　波面と光線

ことができ，これは波面と呼ばれる．また，伝播する波面の法線の軌跡として，光線が定義される．したがって，光波が伝播するとき，各瞬間の波面に対して無数の光線群が伝播方向に進行している．

Malus の定理により，一つの波面に直交する直線光線群は，任意回数の反射，または屈折した後も，共通の直交曲面をもつ．また，Fermat の原理により，ある点から別の点への光線は到達時間が最小となる光路をとる．これより，空気やガラスのように均質な媒質中では光は直進することが説明される．すなわち，これらの媒質において，光は直進する光線として取り扱ってよいことがわかる．

1.1.3 粒子としての光

光について説明するとき，粒子としての捉え方も欠かすことができない．微視的な現象や効果を取り扱う量子論によれば，光は光子と呼ばれる粒子の集まりとして説明される．光子のもつエネルギー（エネルギー量子）ε が光のエネルギーの最小単位であり，その値は振動数 ν に比例して，

$$\varepsilon = h\nu \tag{1.13}$$

と記述される．ここで，h は Planck 定数と呼ばれる物理定数で，およそ $6.63 \times 10^{-34} \text{Js}$ である．

光の本質が粒子であるか波動であるかという論争は 20 世紀に至るまで続けられてきた．その結果，光は粒子と波動の二重性をもつという描像が広く知られている．この性質は光に限らず，電子や原子，分子などでも見られることがわかっている．本書の内容とは直接関係しないが，興味のある読者は量子光学などの書籍を参考にしてもらいたい．

1.2 眼 と は

1.2.1 目 と 眼

地球上に存在する多くの生物は太陽光の下で活動している．人間は太陽光だけなく，人工光をつくり出し，その活動範囲を広げてきた．すべての生物にとって，外界からの情報を得ることは生きていく上で不可欠である．私たちは，視

覚，聴覚，嗅覚，味覚，触覚という五感を通してこれらの情報を取得しているが，とりわけ重要なものは視覚によるものである．人間が外界から得る情報の6割が視覚を通したものであると言われ，その情報媒体である光が存在する環境こそ，活動を続けていくために重要なものである．

　多くの生物は目あるいは眼と呼ばれる視覚器官をもち，それによって外界の情報を得ている．目と眼の違いを意識することはあまりないが，主に日常会話などで外見を語る場合には「目」，その構造や機能を述べる場合には「眼」が使われる．本書は，複眼と呼ばれる視覚器官を主題として取り扱い，その構造や機能について説明する．したがって，以下では視覚器官として眼という用語を用いる．

1.2.2　眼の分類

　生物の眼には，大きく分けて，単眼，複眼，カメラ眼の3種類がある[2]．図1.4に，それらの代表的な構造を示す．これらの形態は，それぞれの生物が進化の過程で獲得し，さらに個々の生物が環境に適応しながら試行錯誤を繰り返してきた成果物といえる．構造の複雑さの点では単眼がもっとも単純であり，複眼とカメラ眼は異なった過程をたどりながらも，それぞれが高度に進化した視覚器官である．

　眼は外界の光信号を捉えるセンサであり，取得した情報を十分に活用するためには相応の信号処理が必要になる．一般的には脳がその役割を果たすが，生物種ごとに脳の大きさは違い，処理能力は大きく異なる．構造が単純な眼に対しては小さな脳で十分であるが，カメラ眼のように高度に発達した眼の機能を活用するためには大きな脳が必要になる．これらの点を考慮すると，生物というシステムは，少なくとも光信号の取得・処理機能において，あるいはもっと広い観点では，環境によって課せられたさまざまな条件に対して，バランスをとりながらその解決法を見出してきた全体最適化の産物に他ならない．

　以下において，それぞれの眼の特徴をまとめる．

a.　単　眼

　単眼はもっとも簡単な視覚器官であり，外界の情報を捉えるレンズの下に空洞があり，その空洞の凹みに視細胞が並んだ構造をもつ．ごく単純な構造をもっ

単眼 　　　　　　　　　複眼 　　　　　　　カメラ眼

図 1.4　目の分類[2)]

たカメラとみなせ，レンズと撮像素子のみが備わっている．レンズは固定焦点でピント調節はできず，入射光量を調節する絞りなどの機構もない．環形動物，軟体動物，節足動物がこのタイプの眼をもつ．節足動物の眼としては複眼がよく知られているが，複眼だけではなく単眼をもつものも多い．

b. 複　眼

複眼は，本書の主題となる視覚器官で，昆虫や甲殻類などの節足動物が有している．解剖学的には，個眼と呼ばれる単位光学系ユニットが多数集まった構造をもっている．それぞれの個眼はレンズと導光路と視細胞で構成されている．単眼との相違点として，レンズと視細胞の関係があげられる．単眼は一つのレンズが形成する光信号分布を複数の視細胞が捉えるのに対し，個眼では一つのレンズからの光信号はたかだか数個の視細胞によって受光される．そして，機能ブロックである個眼の集合体として，視覚器官としての機能を実現している．複眼はさらに細かく分類することができるが，それについては次節で紹介する．

c. カメラ眼

カメラ眼は人間をはじめとする脊椎動物やタコやイカなど一部の軟体動物などがもっている高度に発達した視覚器官である．単眼と異なり，ピント調節が可能で，絞りにより入射光量を調節することもできる．単眼と区別するため，カメラ眼という名称が用いられる．人間の目の場合，角膜と水晶体がレンズの役割をし，筋肉によって水晶体を変形することでピント調節が可能である．虹彩が絞りの役割を果たし，明るい場所から暗闇までの広い光強度ダイナミックレンジに適応することができる．視細胞は網膜として眼球の内側に沿って広がり，角膜と水晶体によって形成された像を捉える．通常のカメラと異なり，網膜が球面状に広がるため，レンズの光軸から離れた場所でも良好な物体像を捉

えることができる．眼球自体も筋肉によって動かせるため，広範囲にわたって周囲の情報を取得できる．ただし，眼球運動の制御や取得信号の統合には高度な信号処理が求められ，処理能力に優れた大きな脳が必要になる．

1.3 複眼とは

1.3.1 複眼の分類

複眼は複数のレンズによって構成されるため，各レンズによって形成される光学系を個眼光学系として考えることができる．図 1.5 に示すように，個眼を構成するレンズ，導光路，視細胞の集合形態により，大きく連立像眼と重複像眼の二つタイプに分類することができる．連立像眼と重複像眼の違いは，個眼光学系と光信号を捉える視細胞の関係にある．さらに，それぞれ構造の違いによって細かく区分されている．これらは環境に適合した進化の産物と考えることができ，工学的にも興味深い．ただし，複眼応用のための基本知識としては，連立像眼と重複像眼の大まかな構造の違いを押さえておけばよい．

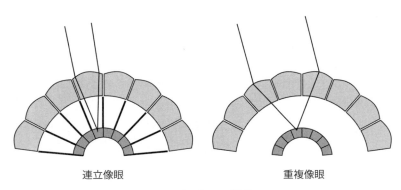

図 1.5 連立像眼と重複像眼

連立像眼では，一つの個眼光学系に入射した光信号は一群の視細胞に集められ，画像情報として検出される．この場合，個眼レンズとセンサである視細胞が 1 対 1 に対応している．そのため，個眼光学系と視細胞までを一つの個眼ユニットとして考えることができる．複眼全体を一つのシステムとして考えた場

合，光学系とセンサが一体化された構造はシンプルであり，かつ，視細胞からう
しろの信号処理も簡単になると予想される．個眼光学系と視細胞が個眼ユニッ
トとして独立しているため，個眼ユニットの増減により光学特性を調節するこ
ともできる．これらの特徴により，複眼の工学的応用において，最初に参考に
すべき形態である．

重複像眼では，一つの個眼光学系に入射した光信号だけが対応する一群の視細
胞に集められるわけではない．各視細胞には隣接する複数の個眼光学系によっ
て捉えられた光信号が入射するため，個眼光学系と視細胞は 1 対 1 に対応しな
い．これを視細胞で得られる光信号から考えると，大口径のレンズで捉えられ
たことに相当する．この特性は，微弱な光しか存在しない環境で行動する夜行
性生物に適合した視覚器官といえる．ただし，複数の異なる信号が重複して視
細胞に入力されるため，物体像はぼけてしまう．それでも微弱光下では，たとえ
不明瞭であっても物体が見えることの方が重要であり，生物的には理にかなっ
ている．

1.3.2　連 立 像 眼

さて，複眼の中でも工学的応用において重要と考えられる連立像眼について，
その構造や機能をもう少し詳しく見ていくことにする[2]．

a.　構 造

図 1.6 に示すように，連立像眼は個眼ユニットを単位として，それらが放射状
に多数集合した構造をもつ．各個眼では，もっとも外側に位置するレンズ（角
膜）が光を集光し，導光路（円錐晶体）を通して，受光ユニット（感棹）に導
く．感桿は数個の視細胞で構成されており，異なる分光特性をもつ視細胞が混
在するため色覚が実現されている．

個眼ユニット数は生物種によって異なり，個体の大きさに応じて変化する．
一つの個眼ユニットが視野における一点の情報に対応するため，個眼ユニット
数が視覚情報の多寡を決定する．しかし，情報量が増えるほど信号処理系は複
雑になるため，個体の大きさに適した個眼ユニット数が選択されていると考え
るのが妥当であろう．

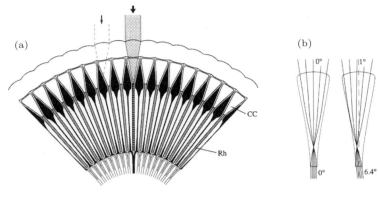

図 1.6 連立像眼の構造[2]

b. 光学系

　一つの個眼は，個眼光学系の光軸方向の光信号，幾何光学的には無限遠にある物体の像を取得する．個眼レンズの口径に対して視細胞が小さいため，個眼ユニットはちまき状の円錐形態をもち，それらが放射状に集積されている．その結果として，正面から後方にまで及ぶ180度を超えた非常に広い視野角が実現される．同様の視野を一つのレンズで実現しようとすると巨大なレンズが必要になることから，複眼の合理性が確認される．

　連立像眼の空間分解能は，隣接する個眼光学系の光軸がなす角度によって決まる[6]．個眼ユニットが均一に集積されている場合，その集合体である複眼の表面は球面になり，全視野にわたって均一な空間分解能が得られる．

　光学的に興味深いのは，個眼ユニットの密度が場所によって異なる場合である．個眼ユニットを局所的に高密度に詰め込もうとすると複眼の表面は球面が歪んだ形状になり，そのような箇所では複眼の表面形状は平らに近くなる．このとき，隣接する個眼光学系の光軸がなす角度は小さくなるため，その部分の空間分解能が高くなる．全視野の中で特定の重要な領域を細かく見たいという要求はもっともなものであり，連立像眼では個眼ユニットの密度によってそれが実現されている．トンボの複眼は球面ではないが，その形状が視野の空間分解能を反映している．

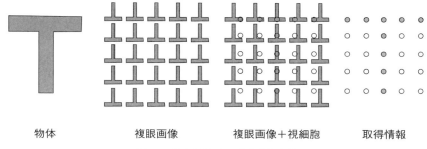

物体　　　　　複眼画像　　　　複眼画像＋視細胞　　　取得情報

図 1.7 連立像眼による物体情報取得

c. 物体情報の取得

連立像眼によって物体情報はどのように取得されるのだろうか．図 1.7 は，その原理を簡単に説明したものである．簡単のため，5×5 の個眼が平面上に配列された連立像眼を考える．各個眼レンズがそれぞれ物体像を形成するため，5×5 の縮小物体像が得られる．各個眼の視細胞が光信号を取得するが，個眼光学系ごとの光軸の傾きを考えると，物体像のどの位置の信号を捉えるかは個眼ごとに異なる．

図に示すように，各視細胞で取得された信号を抜き出してみると，物体の像情報が得られていることがわかる．個眼のレンズによる縮小物体像が倒立しているのに対して，各視細胞で取得された信号は正立している．さらに，物体情報は個眼ユニット数に応じてサンプリングされ，うしろに続く信号処理系の簡素化に貢献している．物体情報の解像点数は個眼ユニット数に等しく，個眼ユニットの増減によって，取得情報の画質が調節される点を確認しておく．

d. 取得情報の変形

図 1.7 で示した物体情報の取得原理において，縮小物体像を取得する各視細胞の位置を変化させると，物体情報の変形ができることが示されている[10]．特定の規則に従って，各視細胞の位置を等間隔に配置された規則的な格子点の位置からずらすと，拡大・縮小・回転などの取得情報の変形を実現することができる．この操作を連立像眼全体で見ると，特定の規則に従って個眼ユニットの向きを変化させることに相当する．このように考えると，連立像眼は 3 次元空間情報を 2 次元平面に変換する信号処理系として一般化することができる．

1.3.3 重複像眼

重複像眼は，微弱光環境に適合するように連立像眼が進化したものと考えられる[2]．微弱光下ではできるだけ効率的に光信号を捉えることが個体の生死に関わる．そのような環境で優位に活動して生き残るためには高感度な視覚器官が不可欠であり，それを獲得した生物種が自然淘汰に打ち勝ってきたことは容易に想像される．

a. 構 造

連立像眼は簡単な構造をもち，後に続く信号処理系の点でも合理的な複眼形態であることはすでに紹介した．しかし，個眼ユニットごとに光信号が分割されているため，個眼レンズの口径で制限される光信号だけしか視細胞で捉えることができない．これは，微弱光環境での活動には不利であり，そこで生活する生物は独自の進化を余儀なくされた．

その一つの解決策が，個眼ユニット間の仕切りを部分的になくすことで，複数の個眼レンズからの光信号を一つの視細胞に集められるようにするというものであった．すなわち，個眼光学系の光導波路（円錐晶体）と視細胞（感桿）の間の透明層により，これらが空間的に分離された構造を実現した．その結果，視細胞側から見ると，複数の個眼光学系からの光信号を受け取ることができるようになった．

b. 分 類

図 1.8 に示すように，重複像眼は個眼光学系からの信号を隣接する視細胞群に拡散させる原理によって，屈折型，反射型，放物面型などに分類されている．これらは個眼光学系における光導波路（円錐晶体）の構造の違いによるもので，屈折型は円錐晶体が屈折率分布型レンズ，反射型は円錐晶体にはレンズ機能がなく周囲が反射層，放物面型は円錐晶体の内部が放物面鏡，という特徴をもつ．これらは別々の生物種に特化された形態であり，生物の多様性を垣間見ることができる．

興味深いことに，明るい環境下でも重複像眼をもつ生物が存在している．重複像眼では，一つの視細胞に入射する信号は光量だけでなく，経由された個眼光学系ごとに異なった情報を含んでいる．それらの信号を分離することができれば，より多くの物体情報を獲得することが可能になる．後に続く信号処理系

1.3 複眼とは

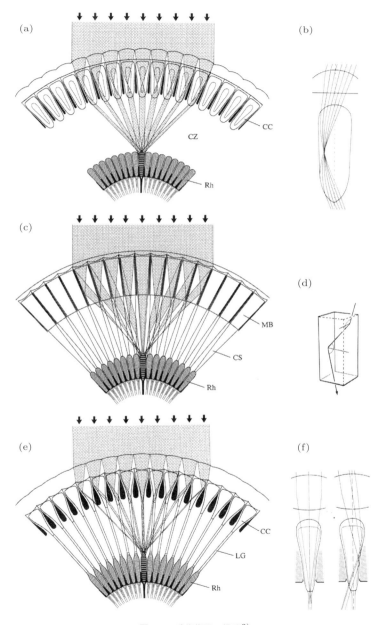

図 1.8 重複像眼の構造[2]

14   1. 光　　と　　眼

では複雑な処理が必要になるが，連立像眼と比較しても解像度の高い物体像を
得ることができる．このような多様性こそが工学的技術や手法のアイデアの宝
庫であることを強調したい．

1.4　バイオミメティクス

　生物は太古の昔より，進化の過程を経て現在に至っている．地球上での環境
は場所によっても時代によっても大きく異なる．それらの環境に適合できない
種は死滅し，適合できた種がより多くの子孫を残すことができる．あるいは，
自身に不利な環境下ではひっそりと身を潜めて環境が変化するのをじっと待つ
のも一つの戦略である．このように現存する生物種は自然淘汰という荒波を乗
り越えてきたものと言える．いうなれば，さまざまな観点で性能や特性の優劣
をつける試験が，時空を超えた壮大な地球規模で行われてきたのである．

　多くの科学技術分野において，既存技術の単なる延長ではなく，まったく新
しい発想に基づいた技術の発明が大きな進歩をもたらすことがある．そのよう
に有効なヒントを与えてくれるものとして生物の多様性があげられる．現在，
種の多様性の重要性が語られるが，種の保存という直接的な理由だけではない．
多様な生物は，地球という一つの生命体がこれまでに獲得してきた資産に他な
らず，科学技術をはじめとする新たな発展に向けた資源としての役割も担って
いる．

　このような思想に基づいた，生物を模して役立つ人工システムを構築する学
問領域としてバイオミメティクスと呼ばれる研究領域が知られている[3,4]．そ
の対象は，生物全般から，微生物，植物，動物など多岐にわたる．生物と先端
技術が結びつく意外性や新たな発想をもたらす新規性，さまざまな課題に対す
る実効性などの特徴から，身近なサイエンスとして取り上げられる機会も多い．
図 1.9 にそのような企画展の一例を示す．ここでは，オニヤンマの成虫と並べ
て複眼撮像システム TOMBO が展示され，多くの子ども連れの来場者の興味
をひいた．バイオミメティクスは，是非多くの人に知ってもらいたい科学技術
の方法論である．

図 1.9 バイオミメティクスをテーマとした企画展の一例

　バイオミメティクスの中でも，昆虫はわかりやすく扱いやすい模倣対象である．昆虫は，小さいサイズ，外骨格構造，気管系による体内への酸素供給，微小脳による制御などの特徴をもつ[11]．さらに，昆虫は陸上だけでなく空中や水中にも生息し，多様な環境に適合した生物である．その昆虫の視覚器官である複眼はさまざまな環境に適合した成果物に他ならない．これらの理由を考えると，昆虫の眼にヒントを得た複眼カメラの開発は，まさに理にかなったものであることが理解されよう．

2

イメージングの基礎

　本章では，イメージングに関わる基本事項と重要概念について説明する．イメージングに関連する学問分野として光学と計算科学を紹介した後，これらの融合が現在のイメージング技術を支えていることを明らかにする．その上で，撮像システムの構造や処理を理解する上で有用となる撮像モデルについて解説する．さらに，光線情報により空間内の物体情報を記述するライトフィールドについて説明する．

2.1　光学と計算科学

2.1.1　イメージングとイメージング技術
　イメージングとは，実在する物体から観測された信号や計算などで生成されたデータを，画像，あるいはイメージ，として構成する操作である．イメージの取得や取り扱いに関わる演算処理やハードウェアなどがまとめられてイメージング技術と呼ばれる．旧来，イメージングは光学技術で実現されるものであったが，コンピュータの高性能化により，コンピュータグラフィックスをはじめとして演算によるイメージング技術が発展を遂げている．このような新しいイメージング技術を支えるために，さまざまな手法やシステムが開発されており，複眼カメラも技術基盤の一つとして期待されている．

2.1.2　カメラと画像
　画像やイメージと聞いて最初に思い浮かべるものは何であろうか？　人物や風景の写真をあげる人が多いのではなかろうか．そして，写真を撮影する装置と

2.1　光学と計算科学　　　　　　　　　　　　　　　　17

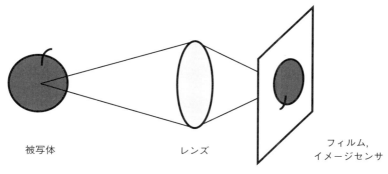

図 2.1　カメラ

してカメラやカメラを内蔵したスマートフォンが連想されるのではないか．カメラは，図 2.1 にモデル化されるように，空間中の被写体を画像データとして記録する光学装置である．通常のカメラではレンズの結像作用により物体像が観察面に映し出されるが，遮光板に微小な穴を開けただけのピンホールでも物体像をつくり出すことができる．得られた物体像の記録には，かつては銀塩乾板やフィルムが用いられてきたが，光信号を電気信号に変換するイメージセンサによるデジタルカメラが現在の主流になっている．

　写真や画像には多様な情報が含まれており，イベント記録や科学計測などさまざまな用途に利用されている．それらの需要に合わせて，光学機器や撮像技術が発展し，イメージング技術は重要な科学技術として研究が続けられてきた．その発展とともに，画像やイメージング技術は私たちの生活において，今やなくてはならない存在となっている．

2.1.3　デジタル画像

　コンピュータ技術の発展により，画像やイメージを簡単に取り扱うことができるようになった．一般に，画像は x, y の座標インデックスをもつ 2 次元データとして表現される．各要素は画素と呼ばれ，画素ごとに画素値をもつ．画素値の種類によって画像は分類され，二値画像，グレースケール画像，カラー画像，スペクトル画像などと呼ばれる．

　図 2.2 に示すように，x 方向に N_x 画素，y 方向に N_y 画素で構成される画像

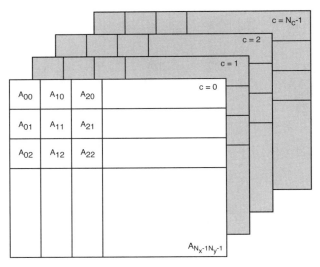

図 2.2　画像データ

A を考える．二値画像とグレースケール画像の場合，画像 A の (i,j) 画素値は，

$$A[i,j] \quad (i=0,\ldots,N_x-1, j=0,\ldots,N_y-1) \tag{2.1}$$

と表現される．二値画像では $A[i,j]=\{0,1\}$，グレースケール画像は $A[i,j]=\{0,\ldots,N_d-1\}$ である．N_d は階調数，N_x と N_y は画像の画素数，$N_x \times N_y$ は解像点数と呼ばれ，これらの値が大きいほどより精細な物体情報を表すことができる．記憶容量を節約するため，画素値としてカラーインデックスを指定し，別途用意したカラーマップとの組み合わせでカラー画像を表現するインデックスカラー方式なども用いられる．

カラー画像やスペクトル画像では，波長チャンネル数を N_c として，

$$A[i,j,c] \quad (i=0,\ldots,N_x-1, j=0,\ldots,N_y-1, c=0,\ldots,N_c-1) \tag{2.2}$$

と表される．一般のカラー画像では赤緑青（RGB）の3チャンネル（$N_c=3$）が用いられる．それより波長チャンネル数が多いものはスペクトル画像と呼ばれる．各画素値は $A[i,j,c]=\{0,\ldots,N_d-1\}$ であり，階調数 N_d によって表現可能な色数が決まる．$N_d=2^8$，すなわち各チャンネル256階調の場合，RGB画像では約1680万色が表現できる．

画像データは非常に大きな記憶容量を必要とする．解像点数が大きく，かつ，動画データのように時間的に変化する画像を取り扱う場合には大きな問題になる．そこで，限られたコンピュータ資源を有効活用するため，画像データの特性を活かしたさまざまなイメージング技術が開発されている．画像データの冗長性を利用してデータ量を削減する画像圧縮技術はその代表的なものである[12]．圧縮サンプリングの原理を応用したシングルピクセルイメージングなども開発されている[13]．

また別の技術トレンドとして，コンピュータ上であたかもカメラで撮影されたかのような画像を生成する技術が発展してきた．人工的な画像を合成するコンピュータグラフィックスはもちろん，実際の撮影画像をもとに，従来の光学技術だけでは困難な効果を実現するコンピュテーショナルフォトグラフィという技術である[14]．手ブレやピンボケ写真を補正する画像修正だけではなく，濃度値の異なるフィルタにより撮影のダイナミックレンジを拡張したり，球面鏡に映した画像により全方位に視野を拡張したりするイメージング技術などが提案されている．

2.1.4　光学と計算科学の融合

カメラによるイメージングにおいてもっとも重要な目的は，できる限り被写体を忠実に撮影することである．しかしながら，カメラに用いられるレンズが理想的な結像性能を発揮するのはごく限られた条件に限られる．それ以外の条件では，像がぼやける，形が歪む，フォーカスがずれるなど，被写体情報を正しく再現することはできない．

この課題を解決するため，光学分野ではさまざまな解決手法が蓄積されている．その中でも重要なものは，レンズ自体の性結像能を高めるレンズ設計である[15]．形状や材料の異なる複数枚のレンズを組み合わせて，像を劣化させる各種の収差を補正し，良好な結像性能を発揮するレンズシステムを実現する．ただし，その性能向上には限界があり，高性能を追求するほど，光学系は複雑になり，物理的サイズも大きくなる．各部品を高精度に実装する技術も必要になり，高性能な結像光学系を実現するためにはコスト増加は避けられない．

このような問題に対して，計算科学を活用する手法が発展している．例えば，

レンズの結像性能の低下をイメージング処理の併用により緩和する．あるいは，イメージング処理で補正しやすい特定の収差だけを残すように，レンズ設計の段階から光学と演算処理の役割を分担する，などである．さらに，従来の光学技術だけでは取得できなかったような高性能・高機能なイメージングを実現しようという研究も進展している．これは，計算イメージング，あるいはコンピュテーショナルイメージングと呼ばれ，新たなイメージング技術として注目されている[7]．

2.2 撮像モデル

計算科学の分野では画像情報の取り扱いに，光線に基づいた撮像モデルが用いられる．以下では，イメージングを考える上で役に立つ基本事項や概念について説明する．

2.2.1 物体情報と光

空間に置かれた物体情報は，光によって伝送されることで，観察者に知覚される．図 2.3 に示すように，発光物体の場合は物体から発した光が，そうでない場合は物体表面で反射・散乱された照明光が空間を伝播し，観察者の眼のレンズを通して網膜上に結像する．この光信号は，物体表面を起点として，反射・散乱方向に発せられた光線群として考えられる．

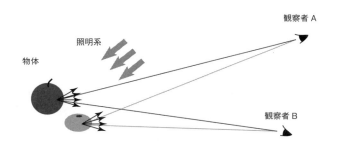

図 2.3　物体観察

眼の瞳の大きさは有限であり，それを通過した光線だけが物体情報として知覚される．そのため，物体表面の同じ点からの光線群であっても，観察者の位置により物体情報が伝送される光線は異なり，それが観察者にとっては，物体を含めた空間情報として知覚される．このように局在化した光線は物体の空間情報を保持している．その結果，空間を伝播する光線信号から物体の空間情報を再構成することが可能になる．

2.2.2　ピンホールカメラ

もっとも簡単な撮像システムとして，図 2.4 に示すピンホールカメラがある．物体の 1 点から発した光信号は表面での散乱分布に従って拡散する光線として表現される．この光線がたかだか 1 本あれば，像におけるその点の情報を得ることができる．

そこで，遮光板に微小な穴，すなわちピンホールを設けて，物体の一点からの極めて少数の光線だけを透過させる．これにより物体の異なる点からやってくる光線との混信が防がれる．そして，ピンホール後方の適当な位置にスクリーンを置けばそこが像面となり，任意の倍率の物体像を得ることができる．

横倍率 M_{lat} は，物体距離 a と像面距離 b のとき，

$$M_{lat} = \frac{b}{a} \tag{2.3}$$

と求められる．少数の光線を選別するため，物体上の各点からの光線情報を容易に分離できるが，その代償としてエネルギー利用効率は非常に低く，暗い物体像しか得られない．

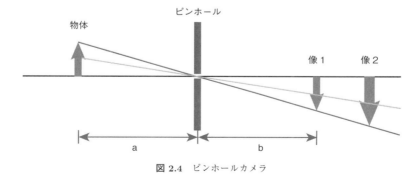

図 2.4　ピンホールカメラ

2.2.3 幾何学的イメージングモデル

3次元空間内の物体を2次元画像に変換するイメージングは,図 2.5 に示す簡単な幾何学的モデルで記述される.ピンホールカメラモデルでは,物体からピンホールを透過する光線が投影面で像を形成すると考える.ピンホールから投影面までの距離は任意に設定できるが,その距離を焦点距離 f とする.

ピンホールカメラモデルは,物理現象を正確に反映しているが,物体に対して像は倒立し,演算処理などには不便である.そこで,投影面をピンホール(光学中心)に対して対称な位置に移動させた,透視投影モデルが利用される.透視投影モデルでは,物体の空間座標 (X, Y, Z) と投影面上の座標 (x, y) は次の関係式によって表される.

$$x = f\frac{X}{Z} \tag{2.4}$$

$$y = f\frac{Y}{Z} \tag{2.5}$$

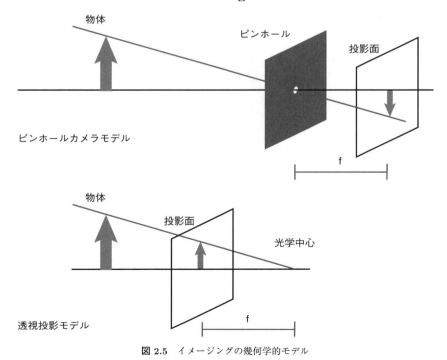

図 2.5 イメージングの幾何学的モデル

ここで，f は投影面と光学中心との距離で焦点距離と呼ばれる．透視投影モデルは，仮想投影面を通して3次元空間を観察するもので，イメージング処理において有用なモデルである．

2.2.4 レジストレーション

レジストレーションとは，イメージングの逆過程を行う操作である．図 2.6 に示す例では，撮像面上の観測信号 $g(x,y)$ を，物体距離 Z を仮定した物体面上に逆投影して，物体信号 $f(X,Y)$ を再構成している．複数の観測信号から再構成するとき，物体距離 Z が正しい場合に限り，物体信号 $f(X,Y)$ が正しく再現される．これは，観測信号からのフォーカス操作に対応し，物体距離の推定に利用できる．

一般にカメラによるイメージング情報に対して，撮像システム固有の座標系と物体を含むワールド座標系の間で座標変換が必要になる．そこで，両座標系の関係をあらかじめ計測するカメラキャリブレーションが必要になる[16]．例えば，既知の図形を異なる配置で撮影した複数枚の画像を用いた処理により実行することができる．

2.2.5 光線情報と物体像

光線情報と物体像の関係を整理しておく．図 2.7 に示すように，物体の各点からさまざまな方向に光線が拡散される．これらの光線群のうち，たかだか1

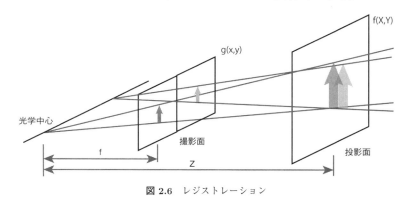

図 2.6 レジストレーション

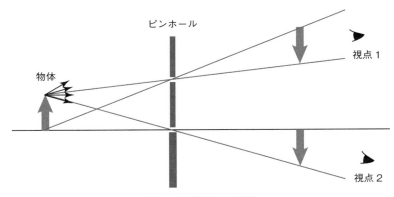

図 2.7 光線情報と物体像

本の光線により，特定の観察条件（視点，方位）に対応した物体情報が伝送される．ピンホールなどを用いて，特定の光線だけを選択すれば，それに対応した物体像を取り出すことができる．複数のピンホールが置かれた状況では，視点ごとに異なる物体像を再現することもできる．

図 2.8 に多視点による複数の撮影画像からの空間再構成の原理を示す．得られた撮影画像から，物体上の同一点を手がかりにしてレジストレーションを行えば，3 次元空間における物体座標を計測することができる．7.2 節で説明するように，奥行距離の計測にはたかだか二つの視点から撮影すればよい．さらに，視点を増やすことにより，計測精度を高められるとともに，物体の陰になって見えない領域が発生する現象（オクルージョン）を補完できるため，空間再構成における制限を減らすことができる．

2.3 ライトフィールド

2.3.1 光線情報の記述

3 次元空間内の物体情報は，光線情報により表現することができる．1.1 節で述べたように，空気やガラスのように均質な等方性媒質中では，光は光線として直進する．レンズやミラーなどの光学素子を通過する場合も，光線の挙動は簡単に取り扱うことができる．そのため，3 次元空間内を伝播する光線に対

2.3 ライトフィールド

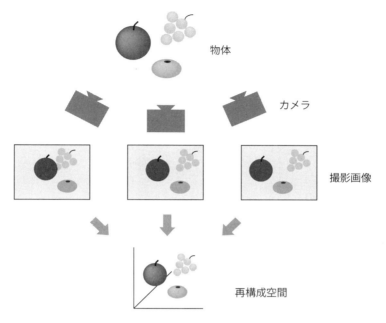

図 2.8 多視点画像による空間再構成

して，空間内のどこかの地点での光線情報を計測できれば，空間内の別の位置での光線は計算により求めることができる．

光線は位置と方向の情報として取り扱える．図 2.9 に示すように，光線が 3 次元空間内のある平面を横切る点の座標 (x, y) と傾き (u, v) を用いて，$f(x, y, u, v)$ という 4 次元情報で表現できる．あるいは，空間内に異なる 2 平面を考え，光線がそれぞれの平面を横切る点の座標 (x_1, y_1), (x_2, y_2) を用いてもよい．等方性媒質中では，光線と光の波面（等位相面）は直交するため，波面による取り扱いとも整合性をもつ．

光線情報の処理や操作には光線行列が有用である．レンズをはじめとする多くの光学系は光軸対称であるため，ここでは x 方向の 1 次元情報，すなわち，座標 x と方向 u について考える．一つの光線は光線ベクトル $[x, u]^T$ として表現される．ここで，$\cdot^T$ はベクトルあるいは行列の転置を表す．

光線ベクトルに対する作用は次式のように 1 次変換として記述できる．

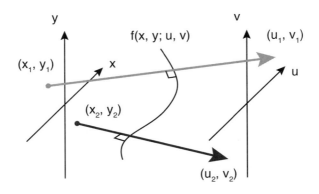

図 2.9 光線の表現

$$\begin{bmatrix} x' \\ u' \end{bmatrix} = \begin{bmatrix} A & B \\ C & D \end{bmatrix} \begin{bmatrix} x \\ u \end{bmatrix} \tag{2.6}$$

この1次変換行列を光線行列と呼ぶ．光線行列により光線に対するさまざまな作用が記述される．

自由空間伝搬は，

$$\begin{bmatrix} x' \\ u' \end{bmatrix} = \begin{bmatrix} 1 & d \\ 0 & 1 \end{bmatrix} \begin{bmatrix} x \\ u \end{bmatrix} \tag{2.7}$$

と表現される．ここで，d は自由空間内の伝搬距離である．

レンズの作用は，

$$\begin{bmatrix} x' \\ u' \end{bmatrix} = \begin{bmatrix} 1 & 0 \\ -\dfrac{1}{f} & 1 \end{bmatrix} \begin{bmatrix} x \\ u \end{bmatrix} \tag{2.8}$$

と記述できる．ここで，f はレンズの焦点距離である．

光線行列を用いると，図 2.10 に示す点物体から観測面への光線伝搬は次式で記述される．

$$\begin{bmatrix} x' \\ u' \end{bmatrix} = \begin{bmatrix} 1 & b \\ 0 & 1 \end{bmatrix} \begin{bmatrix} 1 & 0 \\ -\dfrac{1}{f} & 1 \end{bmatrix} \begin{bmatrix} 1 & a \\ -0 & 1 \end{bmatrix} \begin{bmatrix} x \\ u \end{bmatrix} \tag{2.9}$$

ここで，a は物体距離，b は観測面距離である．この記述法により，複雑な光学系であっても線形代数に基づく数理モデルとして容易に取り扱うことができる．

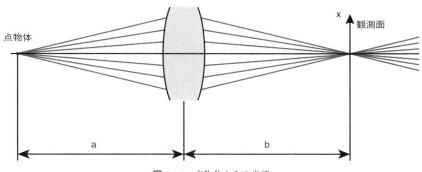

図 2.10 点物体からの光線

2.3.2 ライトフィールドとは

空間内の各点を通過するすべての方向に向かう光線を記述する関数としてライトフィールドが定義される．空間内に存在する光線群すべてを記述した情報の集合と考えればよい．あるいは，図 2.11 に示すように，空間に存在するすべての光線情報をひとまとめにして表現したものがライトフィールドである．

ライトフィールドは，前項で説明した光線情報の集合として表現できる．すなわち，座標と方位の 4 次元情報で記述される光線ベクトルを要素とする集合がライトフィールドである．例えば，光学系の瞳面と結像面，あるいは，結像面と補助面のように，空間内に 2 平面を設定し，それらを横切る光線群の座標

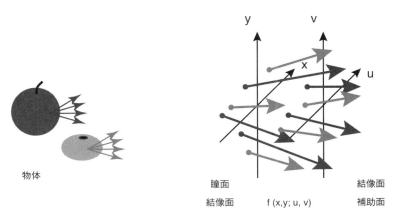

図 2.11 ライトフィールド

として記述される．空間内のある地点におけるライトフィールドの計測により，その光線の光源である物体情報を再現したり，異なる観測条件による物体像を再構成したりすることができる．

なお，ライトフィールドの上位概念として，プレノプティック関数 $P(X, Y, Z, \theta, \phi, \lambda, t)$ が定義されている[14]．これは，空間中の光の分布を表す関数で，光線が通過する点の3次元座標 X, Y, Z，その点における光線方向 θ, ϕ，光線の波長 λ，光線の通過時刻 t の7変数により表される．ライトフィールドはその一部を抜き出した関数である．

2.3.3 ライトフィールドレンダリング

ライトフィールドの直感的な把握には，光線の位置と方向を図 2.12 のように表した光線-空間ダイアグラムが有用である．簡単のため，光の進行方向に沿った x-z 面を考え，ある地点 $(z = z_0)$ を横切る光線の座標と方向 (x, u) をプロットしている．縦軸が座標 x，横軸が方向 u に対応する．光線方向に代えて，別の平面 $(z = z_1)$ を横切る光線の座標 x_2 を用いる表現もある．光線-空間ダイアグラムでは，1本の光線が一つの点で表される．空間内の1点に集光する光線群は u 軸に平行に並び，同じ傾きをもつ平行光線群が x 軸に平行に配列する．

図 2.10 に示した点物体の結像光学系について，異なる観測面における光線-空間ダイアグラムを図 2.13 に示す．物体からは無数の光線が発しているが，い

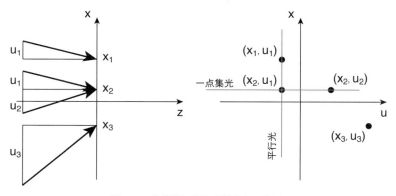

図 2.12 光線群と光線-空間ダイアグラム

2.3 ライトフィールド   29

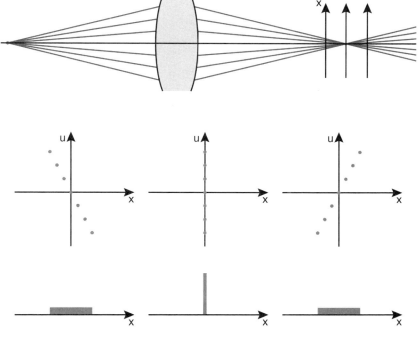

図 2.13 光線-空間ダイアグラムによる結像光学系の記述

くつかの光線だけがプロットされている．例えば，ある光線に注目すると，それに対応する点として，各観測面における変化を追跡することができる．すべての光線を書き表すと，連続的な点列が描かれる．

　光線-空間ダイアグラムを用いると，各観測面における観測像を求めることができる．u 軸方向に沿って点列 $\mathrm{ray}(x,u)$ を積分することにより，その観測面における x 方向の強度分布 $I(x)$ を得る．

$$I(x) = \int \mathrm{ray}(x,u)du \tag{2.10}$$

各観測面について同様の処理を行うことにより，それぞれの観測面での強度分布が得られる．これはリフォーカスと呼ばれるイメージ操作の基本原理となる．

2.4 イメージングの数理モデル

2.4.1 線形イメージングモデル

イメージングは，図 2.14 に示すように，撮像システムによる入力信号から出力信号への変換として，数理モデルによって表現される．システム応答は，イメージングシステムのすべての特性を記述する．イメージングは，観測信号から物体情報を求めることに相当する．この問題は出力信号から入力信号を推定する逆問題として定式化され，数理問題に帰着できる．

撮像システムにおけるイメージングは，次式で記述される．

$$\boldsymbol{g} = \boldsymbol{H}\boldsymbol{f} + \boldsymbol{n} \qquad (2.11)$$

ここで，物体情報が入力信号 $\boldsymbol{f} \in \mathbb{R}^N$，像情報が出力信号 $\boldsymbol{g} \in \mathbb{R}^M$，イメージング過程による信号変換がシステム行列 $\boldsymbol{H} \in \mathbb{R}^{M \times N}$ とノイズ $\boldsymbol{n} \in \mathbb{R}^M$ にそれぞれ対応する．

入力や出力となる画像データは 2 次元以上の行列形式をもつが，それらはラスタ形式に展開されたベクトル $\boldsymbol{f}, \boldsymbol{g}$ として表記される．式 (2.11) は単一の撮像に限らず，複数ショットによる撮像や，多次元データを対象としたイメージングであっても，それらに適合するように $\boldsymbol{f}, \boldsymbol{g}, \boldsymbol{H}$ を拡張することで同じ形式で表現できる．

一般に，入力 $\boldsymbol{f}$ と出力 $\boldsymbol{g}$ の要素数は同一ではなく，撮像システムの特性に応じてシステム行列 $\boldsymbol{H}$ はさまざまな形態をもつ．数理問題に帰着されれば，そ

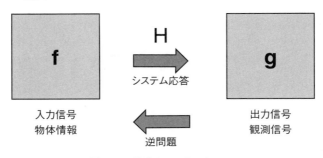

図 2.14 線形イメージングモデル

れらに応じた逆問題の解法として，逆行列法，擬似逆行列，評価関数最小化など，さまざまな手法を適用することが可能になる[17]．

2.4.2 擬似逆行列

逆問題の解法にはさまざまな手法が開発されている．ノイズ n が小さく無視できる場合，物体信号 f はシステム行列 H の逆行列 H^{-1} と観測信号 g の積により一意に求めることができる．

$$f = H^{-1}g \tag{2.12}$$

しかし，一般に逆行列が存在することは稀で，以下の手順による擬似逆行列が用いられる．

まず，システム行列 H を特異値分解により次式の形に変形する．

$$H = UWV^T \tag{2.13}$$

ここで，$\cdot^T$ は転置行列を表し，U, V はそれぞれ HH^T, H^TH の固有ベクトル行列である．W は H の特異値行列と呼ばれ，次式のように対角成分のみをもつ行列である．

$$W = \begin{bmatrix} w_1 & & & & \\ & \ddots & & 0 & \\ & & w_n & & \\ & & & 0 & \\ & 0 & & & \ddots \\ & & & & & 0 \end{bmatrix} \tag{2.14}$$

各対角成分は特異値と呼ばれる．

これらの行列から，次式により擬似逆行列 H^+ を得る．

$$H^+ = VW^{-1}U^T \tag{2.15}$$

したがって，物体信号は，擬似逆行列を用いて，次のように求めることができる．

$$f = H^+g \tag{2.16}$$

観測信号には必ずノイズが含まれている．その影響が無視できない場合，特異値行列において，小さい固有値を 0 にして，行列 $\boldsymbol{H}$ のランクを落とす手法がある．ただし，観測信号の情報を減らすことになるため，ノイズが大きい場合，この手法では高画質の再構成画像を得ることは難しい．

2.4.3 数理最適化

より一般な手法として，何らかの制約条件を設定した上で，目的関数を最小化する物体信号の推定値 $\hat{\boldsymbol{f}}$ を求める数理最適化が用いられる．

$$\hat{\boldsymbol{f}} = \underset{\boldsymbol{f}}{\operatorname{argmin}} ||\boldsymbol{g} - \boldsymbol{H}\boldsymbol{f}||_2^2 + \lambda \mathcal{R}(\boldsymbol{f}) \tag{2.17}$$

$$||\boldsymbol{f}||_2 = \left(\sum_{i=1}^{n} |f_i|^2 \right)^{\frac{1}{2}} \tag{2.18}$$

ここで，$\operatorname{argmin}_{\boldsymbol{f}}$ は以降の関数を最小にする $\boldsymbol{f}$ を求める演算，$|| \cdot ||_2$ は L2 ノルムである．$\mathcal{R}(\cdot)$ は $\boldsymbol{f}$ の複雑さを表す関数で正則化項と呼ばれる．λ は正則化項の制約を調整するもので正則化パラメータと呼ばれる．

数理最適化は非常に広範な学問領域であり，さまざまな解法や知見が蓄積されている．目的関数の形態によって，それぞれに対して効率のよい解法が研究されている．注意すべき点として，式 (2.17) は評価の方針を示すものであり，どのように評価すべき候補 $\boldsymbol{f}$ を決めていくかについては述べられていない．具体的な解探索アルゴリズムとして，最急降下法やニュートン法など導関数を用いる手法や滑降シンプレックス法など導関数を用いない手法，進化的アルゴリズムなどメタヒューリスティクスな手法などが開発されている．

3

イメージング光学系

　前章では，イメージング技術における光学と計算科学の重要性について述べた．そこで紹介したイメージング理論は光学現象を簡単なモデルとして記述したものである．しかし，現実のイメージング光学系の理解には，より深い光学の知識が必要になる．そこで本章では，複眼カメラに関わるイメージング光学系について説明する．重要な光学素子であるレンズについて概説し，レンズによる結像光学系に関連した基本事項と空間周波数解析について説明する．そして，結像光学系の機能拡張をめざしたハイブリッド光学系について紹介する．

3.1　レ　ン　ズ

3.1.1　レンズとは

　光学分野において重要な光学素子としてレンズがある．ガラスなどの光学材料を研磨や溶融成形してつくられる素子であり，光学機器や光学システムの構成には欠かせない．一般に，製造のしやすさから表面は球面に仕上げられ，その曲率半径によっていくつかのタイプに分けられる．それらは図 3.1 に示すもので，それぞれ異なった特性をもち，用途によって使い分けられる．

　レンズの機能として，光エネルギーを集める集光作用と，空間的に離れた物体情報を像として形成する結像作用が重要である．集光作用では，空間的に広がって伝播する光を収束させることにより，極めて大きなエネルギー密度を得ることができる．また，物体各点から発した光信号を空間的に離れた対応する各点に集めることもでき，この作用により物体と同じ形状の物体像が結像される．私たち人間が外界の情報を取得できるのも，眼のレンズによって物体像が

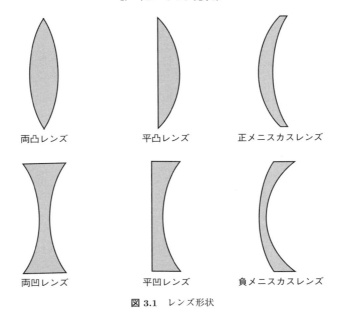

図 3.1 レンズ形状

網膜上に結像されているからである．

3.1.2 レンズの理論

レンズは二つの球面で構成され，それぞれの境界面における屈折により光の進行方向を変化させる．図 3.2 に光軸を含む平面で切り出したレンズの概形を示す．光は紙面の左から右に伝播する光線として描かれている．光が最初に入射する境界面を第 1 面，次を第 2 面，さらに複数レンズの組み合わせによるレンズ系では，第 3 面，第 4 面，... と順番に面番号が付けられる．レンズ中心を垂直に通る直線を光軸と呼び，通常，レンズは光軸を中心とした回転対称の形状をもつ．

各境界面における屈折は Snell の法則によって記述される．

$$n_i \sin \theta_i = n_r \sin \theta_r. \tag{3.1}$$

ここで，θ_i, θ_r は光の入射角と屈折角，n_i, n_r は境界面前後の媒質の屈折率を示す．入射角と屈折角は境界面の法線（光軸）に対する光線の角度である．屈折率は真空中の光速に対する媒質中の光の伝搬速度の比で定義され，表 3.1 に

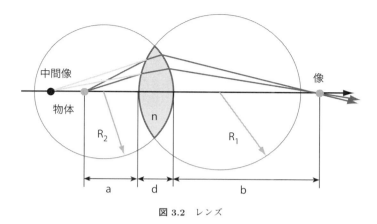

図 3.2 レンズ

示すように媒質ごとに固有の値をもつ.

表 3.1 主な光の媒質の屈折率

媒質	屈折率
真空	1
空気	1.0003
水	1.3330
ガラス	1.47〜1.99
ゲルマニウム	4.092

レンズの光学特性は,光学材料前後の境界面の曲率半径 R_1, R_2 と光学材料の屈折率 n によって決まる.無限大の曲率半径は平面に相当し,曲率半径の正負により境界面の凹凸が表現される.厚み d を無視したレンズは薄肉レンズと呼ばれ,簡単な関係式によりその焦点距離を記述することができる.

$$\frac{1}{f} = (n-1)\left[\frac{1}{R_1} + \frac{1}{R_2}\right]. \tag{3.2}$$

焦点距離は,レンズに平行光線を入射させたときの集光点(焦点)とレンズとの距離であり,レンズに入射する光線の範囲を決める口径とともにレンズの重要な特性値である.

式 (3.2) からわかるように,焦点距離が等しいレンズの形状は無数に存在する.図 3.1 に示したいくつかのレンズ形状では同じ焦点距離をもたせることができる.ただし,レンズ形状によって得られる結像特性は異なる.

3.1.3 レンズの主要点

前項では，レンズの厚みを無視した薄肉レンズについて説明した．しかし，実際には光学材料は有限の厚みをもつため，厳密にはこの近似は正しくない．さらに，複数のレンズを組み合わせたレンズ系を取り扱うためには，レンズの厚みを無視することはできない．そこで，レンズの厚みを考慮した厚肉レンズについて説明する．

厚肉レンズにおける焦点距離は次式で記述される．

$$\frac{1}{f} = (n-1)\left[\frac{1}{R_1} + \frac{1}{R_2} - \frac{(n-1)d}{nR_1R_2}\right]. \tag{3.3}$$

ここで，レンズの厚み d である．

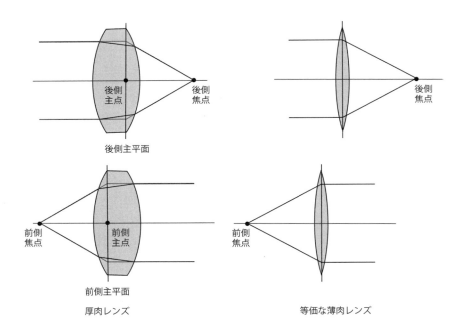

図 3.3　レンズの主要点

レンズでは，前側から入射した光線が進行方向の異なる光線として後側に射出される．図 3.3 に示すように，光軸に平行に入射した光線はレンズ後方の一

点（後側焦点）に収束し，レンズ前方の特定の点（前側焦点）から入射した光線はレンズ通過後に光軸に平行な光線になる．この特性はレンズに厚みがあっても変わらないため，厚肉レンズは等価な薄肉レンズに置き換えることができる．このとき，等価な薄肉レンズの位置を主点，そこでの光軸に垂直な平面を主平面と呼ぶ．厚肉レンズの前後を変えて，光線を入射させる方向を逆にすると，等価な薄肉レンズの位置は移動する．したがって，主点と主平面はそれぞれ前側と後側の二つずつが存在する．

　薄肉レンズではレンズ中心に入射した光線は方向の変化なく射出される．厚肉レンズを置き換えた等価な薄肉レンズも同様の特性をもち，その点は節点と呼ばれる．空気中にレンズが置かれたような場合，主点と節点は一致する．このように厚肉レンズやレンズ系では，レンズ機能は二つの主平面に分割される．それらは入射瞳と射出瞳として説明されるが，直感的には物体からの光線を取り込むレンズの入力ポートと，変換された光線を送り出すレンズの出力ポートと考えればよい．

　撮像システムを設計する上で重要なレンズの特性値としてバックフォーカスがある．これは，レンズの最終面と後側焦点との距離として定義される．厚肉レンズやレンズ系では，後側主点の位置はレンズ最終面と一致するとは限らない．そこで，撮像システムの物理サイズを決める上でバックフォーカスが有用な情報を与える．同じレンズであっても，前後の向きを変えるだけでバックフォーカスをはじめとする光学特性は大きく変化する．

3.2　結 像 光 学 系

3.2.1　レンズによる結像

　レンズによる結像の様子を図 3.4 に示す．以下では理想的な薄肉レンズについて説明する．薄肉レンズでは，物体と像の関係は簡単なレンズの公式によって記述される．

$$\frac{1}{a} + \frac{1}{b} = \frac{1}{f} \tag{3.4}$$

ここで，a, b はレンズと物体あるいは像との距離である．図 3.5 に示すように，

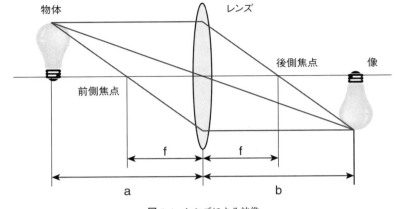

図 3.4 レンズによる結像

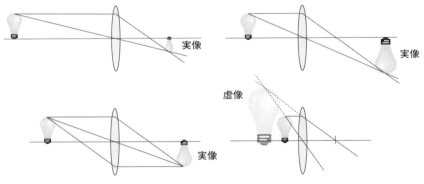

図 3.5 実像と虚像

物体-レンズ距離によりレンズ後方で得られる像の大きさは変化する．このときの像の比率は横倍率 M_{lat} と呼ばれ，次式で求められる．

$$M_{\mathrm{lat}} = \frac{a}{b} \tag{3.5}$$

物体が前側焦点よりもレンズ近くにある場合，レンズ後方には像は得られず，レンズ前方に虚像があるものと考える．虚像は，レンズ後方から観察した場合，あたかもその位置に物体があるかのように見られる像である．凸レンズの場合，もとの物体より拡大された虚像を観察することができる．虚像と区別するため，レンズ後方で得られる像は実像と呼ばれる．

3.2.2 被写界深度

レンズの結像性能を考える上で，被写界深度は重要な特性値としてあげられる．図 3.6 に示すように，物体が移動すると結像位置は変化し，元の観測距離では像がぼける．しかし実際の撮像システムでは，わずかなぼけであれば許容できる場合がある．例えば，イメージセンサでは各画素の受光領域は広がりをもつため，その幅よりも小さなぼけは許容できる．そこで，許容範囲を決めた上で，結像されていると見なせる物体距離の範囲が被写界深度として定義されている．

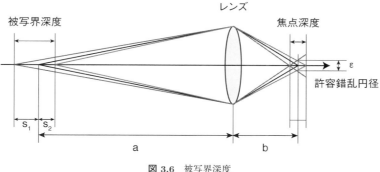

図 3.6 被写界深度

被写界深度は後側被写界距離 s_1 と前側被写界距離 s_2 との差として記述され，次式で求めることができる．

$$s_1 - s_2 = \frac{2\varepsilon F f^2 (a+f)^2}{f^4 - \varepsilon^2 F^2 (a+f)^2}. \tag{3.6}$$

ここで，F はレンズの F 値であり，レンズの焦点距離 f とレンズの口径 D により

$$F = \frac{f}{D}. \tag{3.7}$$

として定義される．ε は許容錯乱円径で，フォーカスずれによるぼけの許容量に対応する．

3.2.3 収　　差

基本的にレンズは球面によって構成されているため，良好な結像が実現され

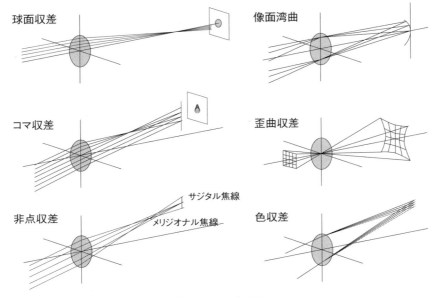

図 3.7 レンズの収差

る条件は光軸近くに限られている．厳密には，光軸上の物体であっても，光線がレンズの光軸から離れた点を通ると，もはや同一点には集光しない．このような理想結像からのずれは収差と呼ばれ，詳細な理論が展開されている[9]．その中でも重要なものとして，図 3.7 に示すザイデル収差と色収差があげられる．

ザイデル収差は，単一波長の光に対して現れる収差で，球面収差，コマ収差，非点収差，像面湾曲，歪曲収差の 5 種類がある．球面収差は軸上点物体の像が前後にばらつく収差，コマ収差は軸外点物体の像が彗星（commet）状に流れる収差，非点収差は軸外点物体からの光線がレンズの同心円方向と直径方向で焦点距離がずれる収差，像面湾曲はレンズ前後の焦点面が平面同士にならない収差，歪曲収差は物体像が歪む収差である．色収差は，レンズ材料の分散により波長に対する屈折率が変化することで生じる収差で，白色光を入射させると色ずれとして観察される．

これらはいずれも光学系の結像性能を大きく損なうため，優れた撮像を行うためには補正しなければならない．図 3.1 にあげたレンズ形状によって収差特

性は変化するため，レンズパラメータの選択が重要になり，しばしば複数のレンズの組み合わせによるレンズ系が利用される．レンズ材料によって分散特性が変化するため，色収差の補正には異なる光学材料を組み合わせる必要がある．レンズ設計は，複数のレンズの形状，材質，配置などを決定し，優れた結像性能を実現するものであり，イメージング機器の開発において不可欠な技術である[15]．

3.3 空間周波数解析

3.3.1 空間周波数

光波や画像などイメージングに関わる現象や信号は，基本波の重ね合わせとして表現することができる．光波は振動数の異なる多数の単色光の重ね合わせで構成されている．例えば，太陽光をプリズムに通してみると，振動数の異なる虹を構成する単色光に分解することができ，それらはスペクトルと呼ばれる．

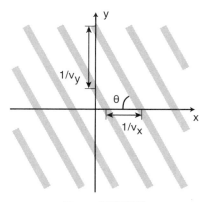

図 3.8 空間周波数

同様に，画像信号も振動数の異なる多数の基本波形の重ね合わせとして構成されている．図 3.8 に示す基本波形の振動数は空間周波数と呼ばれ，x, y 方向それぞれの周波数成分を ν_x, ν_y で表す．各空間周波数と x, y 軸方向に沿った縞間隔 d_x, d_y には次の関係が成り立つ．

$$d_x = \frac{1}{\nu_x} \tag{3.8}$$

$$d_y = \frac{1}{\nu_y} \tag{3.9}$$

また，縞の傾き θ と間隔 d は次式で求められる．

$$\theta = \tan^{-1} \frac{\nu_x}{\nu_y} \tag{3.10}$$

$$d = \frac{1}{\sqrt{\nu_x^2 + \nu_y^2}} \tag{3.11}$$

画像における高周波信号とは，縞間隔の短い波形，すなわち細かい構造の図形に対応する．反対に，低周波信号とは，縞間隔の長い波形，粗い構造の図形を意味する．

3.3.2　画像のフーリエ解析

フーリエ変換による画像の周波数解析は，画像処理や画像修正における非常に強力なツールである．次式で定義されるフーリエ変換は分解（正弦波関数による直交展開），逆フーリエ変換は合成（正弦波関数による信号合成）を行う演算である．

$$F(\nu_x, \nu_y) = \iint_{-\infty}^{\infty} f(x,y) \exp\{2\pi i(\nu_x x + \nu_y y)\} dx dy \tag{3.12}$$

$$f(x,y) = \iint_{-\infty}^{\infty} F(\nu_x, \nu_y) \exp\{-2\pi i(\nu_x x + \nu_y y)\} d\nu_x d\nu_y \tag{3.13}$$

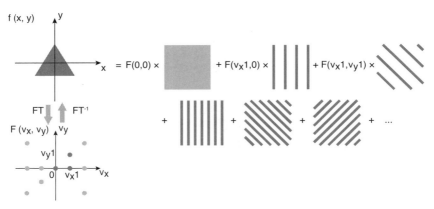

図 3.9　フーリエ変換による画像の成分分解

図 3.9 に示すように, 画像情報 $f(x, y)$ は, 空間周波数 ν_x, ν_y をもつ正弦波信号 $F(\nu_x, \nu_y)$ の足し合わせとして表現される. 画像情報 $f(x, y)$ が存在する x-y 面は実空間, フーリエ変換 $F(\nu_x, \nu_y)$ の ν_x-ν_y 面はスペクトル空間と呼ばれる. スペクトル空間における各点の値（複素数）が, 対応する空間周波数成分の振幅と位相に対応する.

3.3.3 イメージングのフーリエ解析

イメージング光学系は線形システムとしてモデル化することができる. 線形システムモデルは, 多様なシステムを簡潔かつ効率的に表現する数学モデルである. 変数 x の写像 $f(x)$ が, 加法性（任意の x, y に対して, $f(x + y) = f(x) + f(y)$）と斉次性（任意の x, a に対して, $f(ax) = af(x)$）をともに満たすとき, この写像 $f(x)$ は線形性をもつと言われる.

イメージング系においては, 物体情報（入力信号 $f(x, y)$）に対する像情報（出力信号 $g(x, y)$）の関係が写像

$$g(x, y) = \Phi(f(x, y)) \tag{3.14}$$

として表現される.

図 3.10 に示すように, 線形システムモデルでは, 1 点の入力信号に対する出力信号（点像分布関数; PSF: point spread function）がわかれば, 複数点, あるいは, 任意分布の信号が入力された場合の出力信号を知ることができる. 特に, 点像分布関数が入力信号の位置によらず不変である場合（シフト不変, 位置不変と呼ばれる）, 次式で示されるように, 出力信号 $g(x, y)$ は, 入力信号 $f(x, y)$ と点像分布関数 $h(x, y)$ の合成積（畳み込み演算; コンボリューション）によって求められる.

$$g(x, y) = h(x, y) * f(x, y) \tag{3.15}$$

式 (3.15) の両辺をフーリエ変換することにより次式が得られる.

$$G(\nu_x, \nu_y) = H(\nu_x, \nu_y)F(\nu_x, \nu_y) \tag{3.16}$$

ここで, $F(\nu_x, \nu_y), G(\nu_x, \nu_y), H(\nu_x, \nu_y)$ はそれぞれ, 入力信号 $f(x, y)$, 出力信号 $g(x, y)$, 点像分布関数 $h(x, y)$ のフーリエ変換である. 式 (3.15) と式 (3.16)

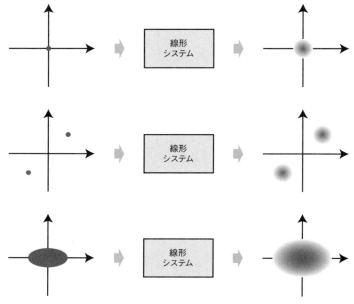

図 3.10 線形システムモデル

の関係はコンボリューション定理として知られる．関数 $H(\nu_x, \nu_y)$ は光学的伝達関数（OTF: optical transfer function）と呼ばれ，光学系における空間周波数の伝達特性を表している．

光学的伝達関数により，イメージングシステムの特性や性能を評価することができる．光学的伝達関数と光学系の関係も知られていて，光学的伝達関数は，レーザー光などの可干渉性光（コヒーレント光）では光学系の瞳関数，自然光などの非干渉性光（インコヒーレント光）では瞳関数の自己相関関数と等しい．意図的に光学的伝達関数を操作することで，イメージングシステムの特性を制御することもできる．

3.3.4 画像修正フィルタリング

被写体を光学系を通してイメージングする際，物理的な要因により，何らかの信号劣化が生じる．この過程は，位置不変な劣化関数 $h(x, y)$ により記述できる場合，原画像 $f(x, y)$，劣化画像 $g(x, y)$，ノイズ $n(x, y)$ として，次式で表

現される.

$$g(x, y) = h(x, y) * f(x, y) + n(x, y) \tag{3.17}$$

劣化の原因には，フォーカスぼけや手ぶれなどが考えられる．画像劣化の影響を修復するためには，劣化画像 $g(x, y)$ から原画像の推定画像 $\hat{f}(x, y)$ を求めればよい.

上式をフーリエ変換したスペクトル空間で考えると，劣化関数の影響は，空間周波数成分に対する積の形で表現される.

$$G(\nu_x, \nu_y) = H(\nu_x, \nu_y) F(\nu_x, \nu_y) + N(\nu_x, \nu_y) \tag{3.18}$$

ここで，大文字はそれぞれのフーリエ変換を示している．この関係より，劣化関数の逆数 $1/H(\nu_x, \nu_y)$（インバースフィルタ）を劣化画像のフーリエ変換に乗算して，原画像の空間周波数成分 $\hat{F}(\nu_x, \nu_y)$ を推定することが可能になる.

$$\hat{F}(\nu_x, \nu_y) = \frac{G(\nu_x, \nu_y)}{H(\nu_x, \nu_y)} \tag{3.19}$$

ただし，ノイズなどの影響により，劣化関数のフーリエ変換 $N(\nu_x, \nu_y)$ に零点が含まれる場合には，その周波数において信号が発散する．この問題を避けるために，ノイズによる影響を低減する Wiener フィルタリングが有効である.

$$\hat{F}(\nu_x, \nu_y) = \left[\frac{1}{H(\nu_x, \nu_y)} \frac{|H(\nu_x, \nu_y)|^2}{|H(\nu_x, \nu_y)|^2 + |N(\nu_x, \nu_y)|^2/|F(\nu_x, \nu_y)|^2} \right] G(\nu_x, \nu_y) \tag{3.20}$$

図 3.11 にボケによる劣化画像に対する画像修正フィルタリングの適用例を示す．原画像に近い良好な推定画像が得られていることが確認できる.

なお，この手法は信号劣化が位置に依存しないものに限られる点に注意を要する．複数の被写体が異なる距離にあるような画像ではボケ状態が画像中で異なるため，本手法は適用できない.

3.4 ハイブリッド光学系

結像光学系の高機能化・高性能化に伴い，メインレンズによって構成される結像光学系とレンズアレイを組み合わせたハイブリッド光学系が注目されている．ここでは具体例として，ライトフィードカメラとマルチスケールレンズシステムを紹介する.

図 3.11 画像修正フィルタリングの適用例

3.4.1 ライトフィールドカメラ

ライトフィールドカメラ，あるいは，プレノプティックカメラの名称で呼ばれている撮像光学系で，物体から発した光線情報を取得することができる[18]．10.1節で紹介するように，コンピューテーショナルフォトグラフィや計算イメージングなど新しいイメージング技術が発展しており，さまざまな手法が提案されている[14,19]．これらの手法では，物体からの光線情報に基づいて，物体の立体形状などの空間情報を再構成することができる．

図 3.12 に典型的な光線情報の取得光学系を示す．図 3.4 に示す通常の結像光学系と比較すると，物体像が得られる結像面にマイクロレンズアレイが置かれている点が異なる．結像光学系では，物体の各点から発した光線群はレンズ（メインレンズ）の結像作用により，結像面においてそれぞれの点に集光し，物体像を形成する．多数の光線が物体像の各点に集められるため，明るい物体像を得ることができる．しかし，像に集められた光線群はまとめて光強度として観察されるため，光線としての情報は失われてしまう．そこで，図 3.12 の光

3.4 ハイブリッド光学系　　　　　　　　　　　　　　　　47

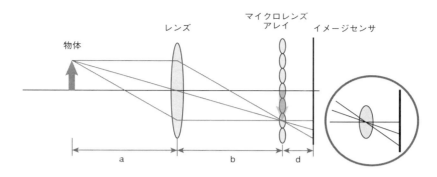

図 3.12　光線情報の取得光学系

学系では，結像面で収束した光線群をわずかに離れた位置で観察することで光線情報を取得している．結像面でのレンズアレイは，余分な光線を制限するピンホールの役割を果たしつつ，入射角度に応じた光線信号を集める働きをしている．

この光学系では，レンズアレイが取得可能な画素数を決める．そのため，高解像画像を得るためには高密度なレンズアレイを用意しなければならない．しかし，レンズとして機能させるためにはある程度の口径が必要であり，高密度化には限界がある．そこで，8.3 節で説明するように，別の形の光学系が提案されている．また，光を光線として取り扱う幾何光学に基づいて設計されているため，実際には回折によるボケの影響も考慮しなければならない．レンズアレイと撮像素子の間隔 d を短くすることによって回折の影響を減らせるが，各点で取得できる光線数も減ってしまう．

3.4.2　マルチスケールレンズシステム

ライトフィールドカメラとは異なった思想に基づいたハイブリッド光学系として，マルチスケールレンズシステムが提案されている[20]．図 3.13 に示すように，メインレンズに相当する対物レンズがとらえた中間像を領域ごとに分割し，それらを 2 次レンズアレイによって別々に結像させる．

一般に，光軸に近い物体に対して優れた結像性能をもつ光学系を設計することは容易である．主に球面レンズで構成される結像光学系では，物体がレンズ

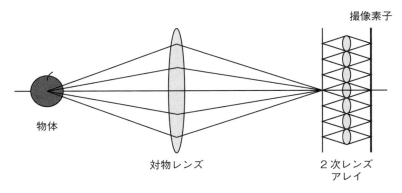

図 3.13　マルチスケールレンズシステム

の光軸近くにある場合に良好な結像性能が得られる．それに対して，光軸から離れた物体に対する結像性能は著しく劣化し，その補正は困難である．しかも，物体は広がりをもつため，広視野の撮像レンズの実現には光軸から離れた物体に対する結像性能を改善しなければならない．

　光軸上の物体の場合，球面収差や色収差が生じるが，これらは物体像を取得した後の信号処理によって修正することができる．それに対して，光軸から離れた物体によって生じるコマ収差は，光軸からの距離によって異なり，信号処理による修正は困難である．そこで，マルチスケールレンズシステムでは，結像光学系の結像面を複数の領域に分割し，領域ごとに副次的な光学系を配置して結像特性を向上させている．

　図 3.14 にマルチスケールレンズシステムの実例を示す．(a)，(b) の光学系に対して，(c)，(d) が具体的な設計例になる．対物レンズはコレクターと呼ばれ，2 次レンズアレイはプロセッサと呼ばれている．2 次レンズアレイは，光軸からの角度ごとに異なる光学系が使用されており，それぞれの領域に応じた光学設計が可能である．マルチスケールレンズシステムの応用例として，超大画素数カメラの開発が進められている[21]．

　これらのハイブリッド光学系は，結像光学系の高機能化や高性能化に対する光学的な解決手法として興味深いものである．しかし，光学系の複雑化，大型化は避けられず，簡便かつ小型なイメージングに対する要求を解決するものではない．これは複眼光学系を活用した撮像システム開発に対する重要なインセ

3.4 ハイブリッド光学系

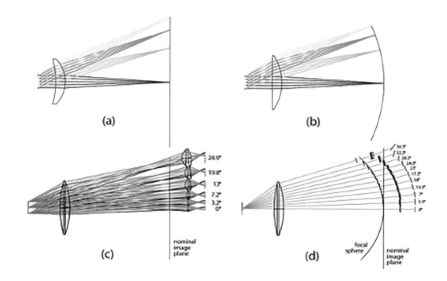

図 3.14 マルチスケールレンズシステムの設計例（文献[20] Optica Publishing Group より許可を得て転載）
(a) $f/8$ 対物レンズ，(b) 球面焦点面，および (c) 対応する平面，(d) 湾曲面によるマルチスケール設計

ンティブになる．

なお，8.3 節にて説明するが，マルチスケールレンズシステムはライトフィールドカメラとしての機能を実現することもできる．これは，既存のライトフィールドカメラの問題点を解決しうる有用な光学系として考えられる．このように，ハイブリッド光学系は，通常の結像光学系と複眼光学系との中間に位置づけられ，複眼カメラの機能や特徴を考える上で有用なものである．

4

複 眼 光 学 系

　前章では，イメージングの基礎になる結像光学系について解説した．本章では，それらを組み合わせた複眼光学系について説明する．まず，基本的な光学系として均一複眼光学系を取り上げ，その特性と空間周波数特性について説明する．そして，複眼撮像システムの構成法についてまとめ，いくつかの具体例を紹介する．

4.1　均一複眼光学系

4.1.1　均一複眼光学系の特性

　複眼光学系は，複数の結像光学系を並列に配置したものである．もっとも基本的な光学系として，すべての結像光学系が同一の光学特性をもつ複眼光学系を考え，それを均一複眼光学系と称する．同一の結像光学系を配置する場合であっても，それらが集合することにより複眼光学系固有の特徴が現れる．一方，異なる光学特性の結像光学系を並列に配置することも可能であり，それによって複眼光学系の用途はさらに広がる．以下では，複眼光学系と比較するため，通常の結像光学系を単一結像光学系，複眼光学系を構成する個別の結像光学系を個眼結像光学系と呼ぶことにする．

　単一結像光学系と均一複眼光学系との比較を図 4.1 に示す．比較条件として，単一結像光学系を $M \times M$ に分割し，$1/M$ に縮小した複数の結像光学系で置き換える．それぞれのレンズの F 値は等しいものとし，光信号を検出するイメージセンサの画素ピッチ Δx も同じとする．図で示されるように，レンズとイメージセンサの間隔（作動距離）は分割数 M に反比例し，均一複眼光学系では大幅

4.1 均一複眼光学系

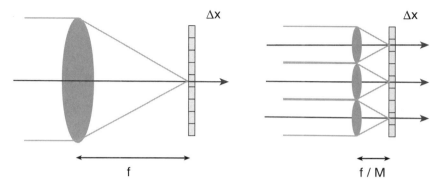

図 4.1 単一結像光学系と均一複眼光学系
焦点距離 f, イメージセンサの画素ピッチ Δx, ユニット数 M とする.

に縮小できることがわかる. 像の横倍率が $1/M$ に縮小されるのに対して, イメージセンサの画素ピッチ Δx が等しいため, 許容錯乱円径が大きくなり, 結果として, 複眼光学系では被写界深度が深くなる. さらに, 8.3 節にて説明するように, 複眼光学系により光線情報を取得することもできる.

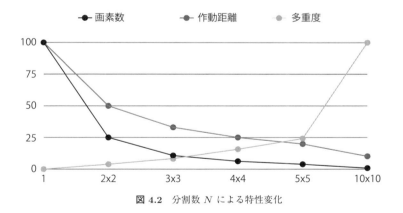

図 4.2 分割数 N による特性変化

単一結像光学系を $M \times M$ 分割したときの, 個眼結像光学系あたりの画素数, レンズとイメージセンサ間隔 (作動距離), 同じ位置の物体情報の重複数 (多重度) を単一結像光学系を基準にして比較したものを図 4.2 に示す. これより, 厚さ変化の観点では分割数 $M = 2$ の効果がもっとも大きく, それ以上に M を

増加させても変化量は逓減していく．多重度の増加は物体信号が冗長に取得されているように見えるが，各個眼光学系の中心点が異なるため，まったく同じ物体信号が得られているわけではない．個眼結像光学系の位置に応じて，光線情報を取得していることになる．分割数 M による各特性の変化は，複眼光学系を設計する上で考慮すべき重要な指針を与える．

4.1.2 均一複眼光学系モデル

図 4.3 に均一複眼光学系のモデルを示す．簡単のため，x 方向の 1 次元のみ記載しているが，実際には y 方向にも同じように配列される．複眼を構成する個々の個眼結像光学系を個眼ユニットと呼ぶ．個眼ユニット数 M（2 次元では $M \times M$）が前節における分割数 M に対応する．単一結像光学系と比較して，均一複眼光学系ではシステムの構成自由度が格段に増えている．その結果，多様な用途に向けたシステム設計が可能になる．

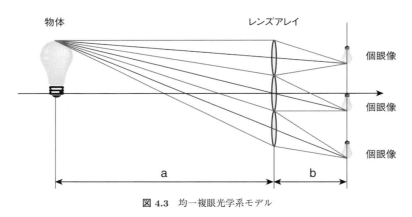

図 4.3　均一複眼光学系モデル

4.1.3 物体距離依存性

物体距離の変化に応じた複眼光学系の結像特性の変化を図 4.4 に示す．$M = 3$ の場合について，個眼ユニットの各画素が離れた物体のどの位置の情報を取得するかを図示している．すべての個眼ユニットのレンズを一まとめにして，レンズアレイを構成している．レンズアレイ近くでは各個眼ユニットの視野はそ

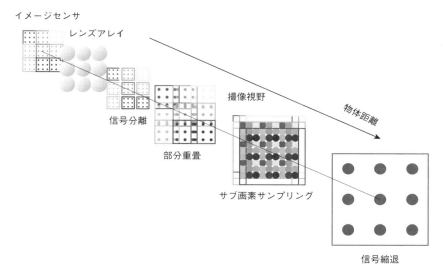

図 4.4 複眼光学系の物体距離依存性

れぞれ分離されているが，レンズから離れるに従って視野が次第に重なっていく様子がわかる．

　個眼ユニットは複数の画素（図では3×3）で構成されているため，視野の重なり方によって，異なる個眼ユニットが同じ場所の情報を同時に観察する状況が生じる．特殊な状況として，視野がほぼ重なり，かつ，個眼ユニットの画素が入れ子状に配列する場合，物体情報を重複なく高密度に取得することができる．この物体距離においてサブ画素サンプリングが実現されている．

　一方，無限遠においては，すべての個眼ユニットが観察する物体情報は光線情報を含めすべて同じになる．この場合，イメージセンサを分割して複数の個眼結像光学系を実装してもその効果はまったく得られない．このような条件では，各個眼ユニットの光学特性を別々に変える手法が有効である．

　図 4.5 に複眼光学系の物体距離に応じた光学特性をまとめる．サンプリング点とは，イメージセンサ上のすべての個眼ユニットが観察する物体上の点をさす．この図では，各画素の中心から出て，レンズの中心を通過する主光線のみが描かれている．光学系のフォーカス状態や回折の影響は考慮されてない点に注意を要するが，均一複眼光学系がもつ本質的な特性が示されている．

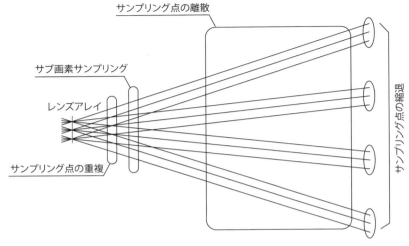

図 4.5　複眼光学系の物体距離による変化

4.2　複眼光学系の空間周波数特性

4.2.1　均一複眼光学系の特性

　均一複眼光学系がもつイメージング特性の特殊性は，空間周波数解析によってさらに明らかになる．以下では，単一結像光学系によるサンプリング撮像モデルとの比較によって，その特性を説明する．

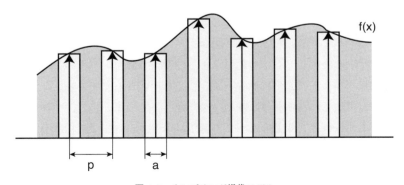

図 4.6　サンプリング撮像モデル

簡単のため，1次元の撮像モデルを考える．図 4.6 に示すように物体情報を関数 $f(x)$ で表し，サンプリング間隔 p，開口幅 a のイメージセンサで観測するものとする．このとき，取得される信号 $g(x)$ は次式で与えられる．

$$g(x) = f(x) \cdot \mathrm{comb}\left(\frac{x}{p}\right) * \mathrm{rect}\left(\frac{x}{a}\right) \tag{4.1}$$

ここで，

$$\mathrm{comb}(x) = \sum_{n=-\infty}^{\infty} \delta(x-n) \tag{4.2}$$

$$\mathrm{rect}(x) = \begin{cases} 1 & |x| < \frac{1}{2} \\ \frac{1}{2} & |x| = \frac{1}{2} \\ 0 & |x| > \frac{1}{2} \end{cases} \tag{4.3}$$

である．$\delta(x)$ はデルタ関数である．

取得信号のスペクトル $G(\nu)$ は，式 (4.1) のフーリエ変換で与えられる．

$$G(\nu) = |ap| F(\nu) * \mathrm{comb}(p\nu) \cdot \mathrm{sinc}(a\nu) \tag{4.4}$$

ここで，

$$\mathrm{sinc}(x) = \frac{\sin(\pi x)}{\pi x} \tag{4.5}$$

である．このスペクトルの概形を図 4.7 に示す．

物体に含まれるすべての情報を復元するためには，comb 関数とのコンボリューションによって複製されたスペクトルを分離しなければならない．その条件を

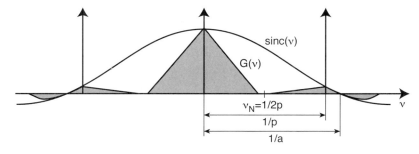

図 4.7 サンプリング撮像によるスペクトル

与えるものがナイキスト周波数 ν_N であり，サンプリング間隔 p に対して次式で与えられる．

$$\nu_N = \frac{1}{2p} \tag{4.6}$$

物体に含まれる周波数がナイキスト周波数以下であれば，サンプリングされた物体信号から元の情報を正しく復元することができる．

一方，イメージセンサの開口の影響は緩やかな sinc 関数となって，スペクトルを変調する．sinc 関数の零点ではスペクトルが伝達されず，零点より高い周波数ではスペクトルの位相反転が起こる．ただし，通常の撮像系ではサンプリング間隔 p 以上に開口幅 a が大きくなることはなく，このような状況は生じない．

均一複眼光学系では，複数の個眼ユニットにより物体情報をモザイク状に取得する．ユニット数 3 の場合の撮像モデルを図 4.8 に示す．サブ画素サンプリング距離においては，各個眼ユニットにより取得されるデータから合成した信号は，図 4.8（d）に示すものと等価とみなせる．

このとき，隣り合ったサンプリング点は異なる個眼ユニットによるものであり，受光素子の開口幅はサンプリング間隔以上になりうる．M ユニットからなる均一複眼光学系の場合，開口幅は最大 Mp までとることができる．しかし，この場合，図 4.7 に示す sinc 関数が x 方向に縮小された形になり，その零点がナイキスト周波数以下に入り込み，スペクトルの反転が生じる．

4.2.2　問題の解決

前項の問題を解決するためには，イメージセンサの開口率 $\alpha\ (= a/p)$ を小さくして，サンプリングにおける実効的な開口幅を狭くしなければならない．そこで，sinc 関数の零点（$\nu = 1/a$）がナイキスト周波数より小さくならない条件より，次式が得られる．

$$M\alpha \leq 2 \tag{4.7}$$

2 次元システムの場合，x 方向と y 方向のそれぞれで上式が満たされなければならない．受光素子が正方形開口をもつものと仮定すると，開口率 α に対する条件は次式で与えられる．

$$\alpha \leq \frac{4}{M^2} \tag{4.8}$$

4.2 複眼光学系の空間周波数特性

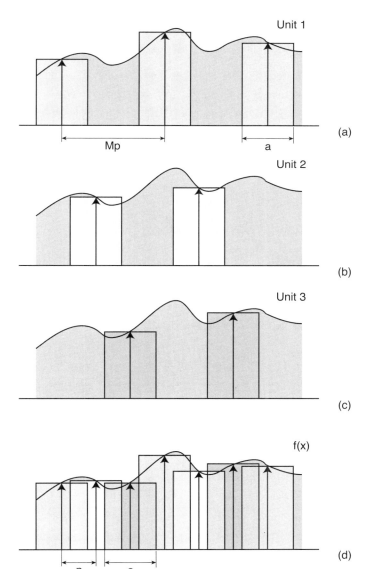

図 4.8 均一複眼光学系によるサンプリング撮像モデル
(a) ～ (c) 個眼ユニットごとの撮像. (d) 再構成後のモデル.

個眼ユニット数と開口率を式 (4.8) の関係式を満たすように設定すれば，物理的な制限なく物体情報を復元することができる．モノクロイメージセンサの場合，開口率 100% に対して，個眼ユニット数の上限は 2×2 である．カラーイメージセンサでは，RGB の各チャンネル用受光素子が交互に配列され，チャンネルごとの最大開口率は 25% となるため，個眼ユニット数の上限は 4×4 である．この制限よりユニット数を増やして薄型化を求めるためには，超解像処理などの画像復元処理が必要になる．

なお，個眼ごとに異なる光学特性を割り当てる複眼光学系では，本項で説明したユニット数の上限は事実上ない．

4.3　複眼撮像システム

4.3.1　構　成　法

3.4 節で紹介したハイブリッド光学系ではメインレンズを中心とする結像光学系が基本であり，レンズアレイは補助的な役割をしているだけである．それに対して，複眼光学系に基づく複眼撮像システムでは単一結像光学系を並列させて構成する．マルチアパーチャカメラという名称も用いられる．

4.1 節で述べたように，単一結像光学系を分割した均一複眼光学系として複眼撮像システムを構成することができる．それに対して，複眼撮像システムを構成する手法は他にも考えられる．図 4.9 に示すように，単一結像光学系をベースとしたカメラを想定し，それをもとにした二つの複眼撮像システム構成法を比較している．一方は複数台のカメラを並べる方法で，他方は 1 台のカメラを分割する方法である．

複数カメラ連携方式は，構成が簡便であり高い自由度をもつが，各カメラのキャリブレーションが必要であり，それらを統合制御しなければならない．単一カメラ分割方式は，コンパクトで安定しており，製造性に優れるが，取得データ量が少なく，配置の自由度が制限される．また，小型化を実現するためには撮像性能に優れたマイクロレンズアレイが必要になる．

これらの特性を比較した上で，イメージセンサの高解像度化をはじめ，さまざまなデバイスの小型・高機能に向けた技術トレンドを考慮しなければならな

基本カメラ　　　　　カメラ連携

カメラ分割

図 4.9 複眼撮像システムの構成法

い．その結果，将来に向けた複眼撮像システムの構成法として，単一カメラ分割方式がより発展性の高い手法として期待される．

4.3.2 複眼撮像のカスタマイズ

光学系を複数の個眼に分割する場合，さまざまなバリエーションが考えられる．それらの中で重要なものとして，個眼の配置，個眼の同質性，視野範囲があげられる．これらを昆虫など自然界の複眼と対比して説明する．

a. 配　置

個眼の配置は，自然界の複眼では一部の例外を除いてほぼ最密六方配置になっている．これは，限られた面積により多くの個眼を充填するためには最適な配置である．連立像眼の場合，個眼数が取得画像の解像点数を決めるため，より多くの個眼を並べることが理にかなっている．

それに対して，イメージセンサの画素は正方格子状に並び，取得された画像も2次元配列として扱われる．そのため，個眼の配置は正方配列が合理的であり，それを覆すだけの最密六方配置を用いる積極的な理由は見当たらない．

b. 同質性

4.1節ではすべての個眼が同じ光学特性をもつ均一複眼光学系を考えた．す

べての個眼を同種のものにする考え方は，自然界の複眼と同じ発想である．その一方で，個眼の同質性については，図 4.10 に示すように，すべての個眼の光学特性を同じにする同種均一方式と，個眼ごとに異なったものにする異種混合方式が考えられる．

4.1.3 項で述べたように，均一複眼光学系の各個眼が捉える情報は物体距離に依存して変化するが，無限遠以外ではまったく同じになることはない．同種均一方式の利点は，簡単に作製することができる点にある．また，7.2 節で説明するように，ステレオ視などの原理によって，被写体の奥行情報を捉えることができる．さらに，10.1 節で紹介するように，ライトフィールドカメラとして光線情報を取得することもできる．

一方，個眼ごとに異なる光学特性をもたせる異種混合方式は，複眼撮像システムを独立した結像光学系の集合体とみなす考え方に基づいている．個眼ユニットの光学特性の組み合わせにより，さまざまな機能をコンパクトに実装することが可能になる．例えば，個眼ごとに異なる分光透過率の波長フィルタを挿入すれば，分光情報を取得することができる．

問題点としては，一つのイメージセンサをすべての個眼で分割して使用するため，個眼あたりの画素数が少なくなる．しかし，減少した画素は波長や偏光など異なる次元の情報に用いられるため，取得情報そのものが減少するわけではない．その他，物体が無限遠より手前にある場合は，個眼ごとの画素の位置ずれを考慮しなければならない．

イメージセンサの撮像素子ごとに個別の光学フィルタを装着することで，光強度ダイナミックレンジ拡張などの新機能撮像デバイスが開発されている．こ

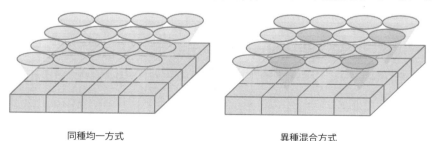

同種均一方式　　　　　　　　　異種混合方式

図 4.10　個眼の同質性

の場合，イメージセンサ製造過程でのフィルタ挿入が必要となり，簡単に実現することは難しく，一度挿入したフィルタを交換することもできない．それに対して，個眼ユニットごとに光学フィルタを装着することは容易であり，既存のイメージセンサに新機能を付加したり，用途に応じて交換したりすることもできる．

c. 視　野

個眼の視野の設定には，図 4.11 に示す二つの形式が考えられる．視野分割型は，自然界の複眼のように，各個眼が分担して，一つの大きな視野をカバーするものである．個眼ユニットを平面イメージセンサ上に配置しただけでは光軸がすべて平行になり，視野の重畳や重複が起きる．そこで，何らかの手法により光軸を傾ける必要がある．自然界の複眼のように，個眼ユニットを球面に沿って配置する方法や，個眼ユニットにおけるレンズとセンサ領域の配置をずらす方法，個眼ごとにプリズムなどの偏向素子を挿入する方法などがある．

一方，視野重複型は，すべての個眼ユニットがほぼ同一の視野を観察する形態である．平面イメージセンサ上にレンズアレイを設置するだけで構成できるため，既存の技術により簡単に実装できる．ただし，複眼撮像システムでは，物体距離に依存する個眼ごとの視野のずれを避けることはできない．この視野

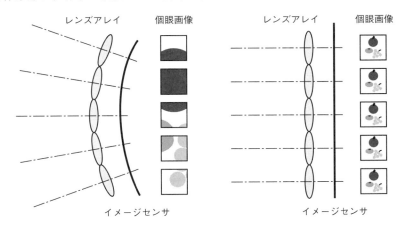

図 4.11　視野の設定

のずれは同種均一方式による距離計測の場合には有用であるが，異種混合方式
による複数情報取得の場合には問題になる．

表 4.1 に視野分割型と視野重複型の特徴をまとめる．

表 4.1 視野設定法による特性の比較

	視野分割型	視野重複型
可能な撮像モード	広視野撮像	多モード撮像
再構成に必要な処理	個眼画像の連結処理	個眼画像の位置補正
主な利点	簡単な構造	機能の集積
問題点	情報の重複	視野のずれ
システムの実例	昆虫，人工複眼	ライトフィールドカメラ，TOMBO

4.4　人工複眼システム

複眼がもつさまざまな特徴を生かした人工複眼システムが数多く開発されて
いる[22]．これらは複眼撮像システムの可能性を示す実例として重要である．こ
こでは，代表的な開発システムのいくつかを紹介する．

4.4.1　連立像眼模倣システム

自然界に見られる連立像眼を模倣した複眼撮像システムが多数つくられてい
る．図 4.12 に示すシステムでは，光硬化性樹脂を利用して個眼光学系と同等
な機能を自己組織化的に生成している[23]．高密度のレンズアレイが球面的に配
置され，昆虫の眼と同じ構造がつくられている．バイオミメティクスの観点で，
複眼の大きな可能性を示す先駆的な研究成果として注目される．

4.4.2　拡張連立像眼システム

図 4.13 の拡張連立像眼システムは，複眼光学系の特徴を生かしながらも既
存の微小光学技術や半導体集積技術を活用した平面型の人工複眼システムであ
る[24]．光学系の工夫として，レンズアレイのピッチをイメージセンサ上の個眼
撮像領域のピッチより大きくすることで個眼光学系の光軸を傾け，視野角を広
げている．同システムでは，各個眼は画素情報ではなく，画像信号を捉えてい

4.4 人工複眼システム 63

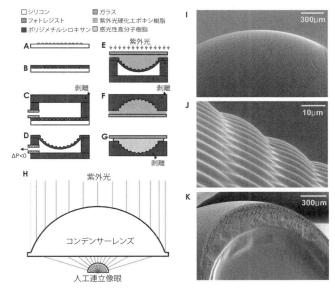

図 4.12 連立像眼模倣システム[23]

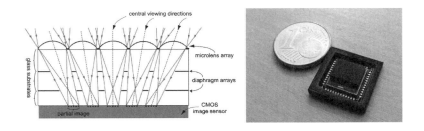

図 4.13 拡張連立像眼システム(文献[24] Optica Publishing Group より許可を得て転載)

る.また,イメージセンサの内部に開口絞りを配置し,個眼撮像領域間での混信を防いでいる.

4.4.3 複眼撮像システム TOMBO

筆者らの研究グループが開発した複眼撮像システム TOMBO(図 4.14)は既存技術を有効活用する平面型システムである[5].レンズアレイとイメージセン

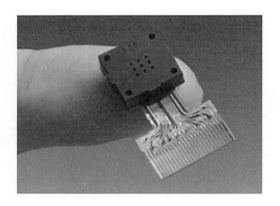

図 4.14 複眼撮像システム TOMBO

サの間に信号分離隔壁を配置することにより，個眼ユニットの独立性を高めるとともに構造隔壁としての役割をもたせている．各個眼ユニットは画素信号でなく画像信号を捉えるため，イメージセンサの機能を有効活用することができる．拡張連立像眼システムに比べて個眼ユニットの独立性が高いため，同種均一方式だけでなく異種混合方式の複眼撮像システムを容易に構成することもできる．

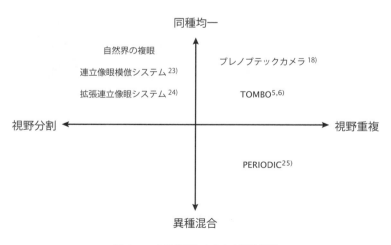

図 4.15 人工複眼システムの特性分類

4.4.4 人工複眼システムの分類

いくつかの人工複眼システムを個眼の視野と同質性によって分類したものを図 4.15 に示す．このようなシステム俯瞰図により，それぞれに適した用途を見つけたり，新たなシステム開発に向けた指針を得ることが可能になる．なお，最新の人工複眼システムについては網羅的なレビュー論文が報告されているので，是非そちらも参照してもらいたい[22]．

5

複眼撮像システム TOMBO

　複眼撮像システム TOMBO は，多くの人工複眼システムの中でも早くから開発され，構造のシンプルさ，機能カスタマイズの容易さなどの特徴をもつ．そのため，多数の試作システムが作製され，さまざまな応用事例が報告されている．以後の各章では，典型的な複眼撮像システムとして TOMBO を取り上げる．まず，本章では複眼撮像システム TOMBO について解説し，多様な応用に向けた基本的事項を整理する．

5.1　TOMBOとは

5.1.1　概　　要

　複眼撮像システム TOMBO は，Thin Observation Module by Bound Optics の頭文字をとって名付けられた[5]．言うまでもなく昆虫のトンボにちなんだものである．しかし，自然界の複眼をそのまま模倣した人工複眼システムではなく，利用可能な光学素子やエレクトロニクス，実装技術の特性を考慮してつくられた複眼カメラである．コンパクトなハードウェア，複眼光学系の有効活用，複数チャンネルによる多重信号取得，多数のシステムパラメータによるカスタマイズ性，情報技術との連携による高機能性など多くの特徴をもっている．

　TOMBO システムによる物体撮像の様子を図 5.1 に示す．物体情報は，複数の微小レンズにより構成されるマイクロレンズアレイを通して，それぞれ別々に結像される．各レンズによる個眼画像はイメージセンサの異なる領域に分離され，それらは一括して取得される．個々の個眼画像は低解像画像であるが，物体と複眼光学系との位置関係により，それぞれ異なった物体情報をもつ．こ

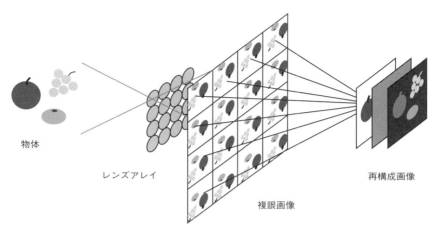

図 5.1　複眼撮像システム TOMBO による物体撮像

れらの個眼画像群をまとめて複眼画像と呼び，複眼画像に対する画像処理により物体情報を復元する．

5.1.2　基本構成

図 5.2 に TOMBO の基本構成を示す．TOMBO はイメージセンサの上にマイクロレンズアレイを配置したもので，イメージセンサの各領域で取得された信号を個眼画像として用いる．隣接したレンズによる個眼画像間の混信を防ぐために，信号分離隔壁が挿入されている．これは，イメージセンサとマイクロレンズアレイを固定する構造部材としての役割を兼ねることもできる．個々の微小レンズと対応するイメージセンサの分割領域は一つの結像光学系とみなす

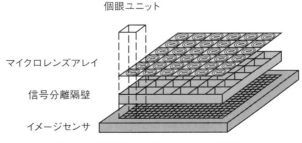

図 5.2　複眼撮像システム TOMBO の構成

ことができ，これを個眼ユニットと呼ぶ．

図 5.3 に複数の個眼ユニットにより構成される光学系を示す．TOMBO における重要なシステムパラメータとして，ユニット数 M，ユニット幅 d，ユニットあたりの画素数 ν がある．画素数 N，画素ピッチ p のイメージセンサ上に構成するためには以下の関係が必要になる．

$$M\nu = N \tag{5.1}$$

$$\frac{d}{\nu} = p \tag{5.2}$$

単純な関係であるが，ユニット数 M とユニットあたりの画素数 ν には反比例のトレードオフがある．

また，個眼ユニットごとにレンズの公式が成り立つ．

$$\frac{1}{a} + \frac{1}{b} = \frac{1}{f} \tag{5.3}$$

ここで，イメージセンサ-レンズ距離 a，物体-レンズ距離 b，レンズ焦点距離 f である．

図 5.3 は x 方向のみを記述しているが，y 方向にも個眼ユニットが並び，各方向に異なるパラメータが設定できる．個眼ユニットごとのレンズ焦点距離 f と開口 D も TOMBO システムの光学特性を決める重要なパラメータである．これら TOMBO システムパラメータを表 5.1 にまとめる．

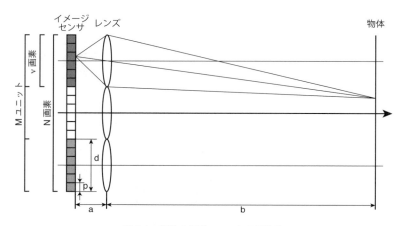

図 5.3 複数の個眼ユニットの光学系

5.2 個眼ユニットの分離

表 5.1 TOMBO システムパラメータ

ユニット画素数	$\nu_x,\ \nu_y$	レンズ焦点距離	f
ユニット数	$M_x,\ M_y$	レンズ開口	D
ユニット幅	$d_x,\ d_y$	画素ピッチ	$p_x,\ p_y$
		画素開口率	$\alpha_x,\ \alpha_y$

個眼ユニットにおけるレンズ性能を考慮すると，x 方向と y 方向のユニット幅 $d_x,\ d_y$ は等しいか大きく異ならないことが望ましい．そのため，イメージセンサ上の受光セルをできるだけ有効に使用するためには，イメージセンサの画素数に合わせて，x 方向と y 方向のユニット数 $M_x,\ M_y$ とユニット画素数 $\nu_x,\ \nu_y$ を決定する必要がある．画素ピッチ $p_x,\ p_y$ や画素開口率 $\alpha_x,\ \alpha_y$ はイメージセンサ仕様によって決まる．

表 5.1 ではすべての個眼ユニットでレンズ焦点距離 f と開口 D が等しい均一複眼光学系を想定しているが，個眼ユニットごとに異なる値 $f_{i,j},\ D_{i,j}$ （$i = 0,\dots,M_x - 1,\ j = 0,\dots,M_y - 1$）を設定することもできる．このとき，各個眼ユニットで独立したレンズの公式が成り立つ．

$$\frac{1}{a_{i,j}} + \frac{1}{b_{i,j}} = \frac{1}{f_{i,j}} \tag{5.4}$$

実装時の調整パラメータとなるが，レンズのフォーカス距離も撮像特性に大きく影響する．一般的には無限遠かパンフォーカス距離，特定の用途が決まっているのであれば，その物体距離に合わせてフォーカス距離を設定する．すべての個眼レンズを同一平面に設定すれば次式を得る．

$$\frac{1}{b_{i,j}} = \frac{1}{f_{i,j}} - \frac{1}{a} \tag{5.5}$$

この場合，個眼ユニットごとに異なるフォーカス距離を設定することができる．

5.2　個眼ユニットの分離

5.2.1　信号分離隔壁

イメージセンサ上に複数の個眼ユニットを構成する TOMBO の構成では，イメージセンサ上の受光セルを有効利用するために，できる限り個眼ユニットを近づけて配置したい．しかしその場合，隣接する個眼ユニット間の光信号の混

信が問題になる．

図 5.4 に二つの隣接した個眼ユニットにおける入射光の様子を示す．イメージセンサ面に接するような信号分離隔壁が理想的であるが，製造上の難しさから隙間がある場合を想定している．このような場合であっても，信号分離隔壁により個眼ユニット間の混信が軽減できる．

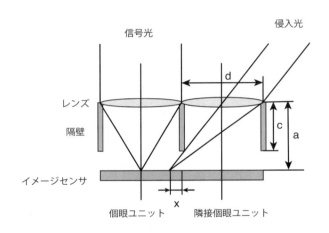

図 5.4 隣接個眼ユニットにおける光信号

図では，高さ c の隔壁をレンズ面からイメージセンサ側に向けて設置する．レンズ-イメージセンサ間距離 a，個眼ユニット幅 d，隔壁高さ c とすると，

$$x = \frac{(a-c)d}{2c} \tag{5.6}$$

で示される幅 x の領域に，レンズの入射全光量の 1/2 の光信号が侵入する．そこで，この領域をイメージセンサ上の個眼ユニット区画のマージン領域として個眼画像を設定することにより，隣接個眼ユニット間の混信を防ぐことができる．

マージン領域は，イメージセンサにおける未使用画素として無駄になってしまう．これは，連立像眼に倣って個眼ユニット間の独立性を重視するために生じたものである．自然界の複眼は，限られた光信号を有効利用するために，レンズと視細胞の間に透明層をもつように重複像眼へと進化したと考えられている．図 5.4 のモデルは重複像眼の構造と同じものであり，重複像眼をヒントに

することでマージン領域の信号を活用することも考えられる．

5.2.2 偏光フィルタによる信号分離

隣接する個眼ユニット間の信号分離は偏光フィルタの組み合わせによっても実現できる．図 5.5 に示すように，個眼ユニットサイズの直交する偏光子フィルタを千鳥格子状に配置した偏光フィルタアレイを 2 枚用意する．そして，それらをレンズアレイ面とイメージセンサ面に配置する．一つの個眼ユニットに注目すると，上下左右に隣接するレンズアレイ面のフィルタを透過する偏光は直交している．そのため，それらの信号はイメージセンサ面の偏光フィルタにより遮断でき，隣接個眼ユニット間の混信を防ぐことができる．

この方式は，平面状の光学素子である偏光フィルタアレイの挿入だけで実現でき，信号分離隔壁のような構造体を作製するための特殊な加工技術は不要である．また，それぞれの偏光方向に対応した個眼ユニットからの光信号を選択的に利用すれば，偏光画像を取得することができる．人間の眼は偏光に対する感度をもたないが，特定の生物種は偏光を知覚できる[26]．それらをヒントにした複眼偏光撮像システムなども実現できる．

5.3 個眼ユニットの機能設定

5.3.1 基本原理

複眼撮像システムを与えられた課題に適用するためには，実行したい演算処理に適した個眼機能の割り当てをしなければならない．これは複眼撮像システムがもつ設定自由度の大きさによって可能になるもので，さまざまなタスクに

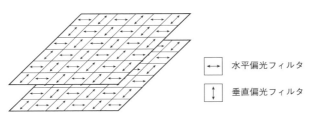

図 5.5 偏光フィルタアレイによる信号分離

特化したシステムを構築することができる.

図 5.6 に個眼ユニットの機能設定によって実行可能な TOMBO システムによるタスクの一例を示す. ここでは 3×3 の TOMBO を例示しているが, 具体的な個眼ユニット数はタクス内容や利用デバイスの性能によって決められる.

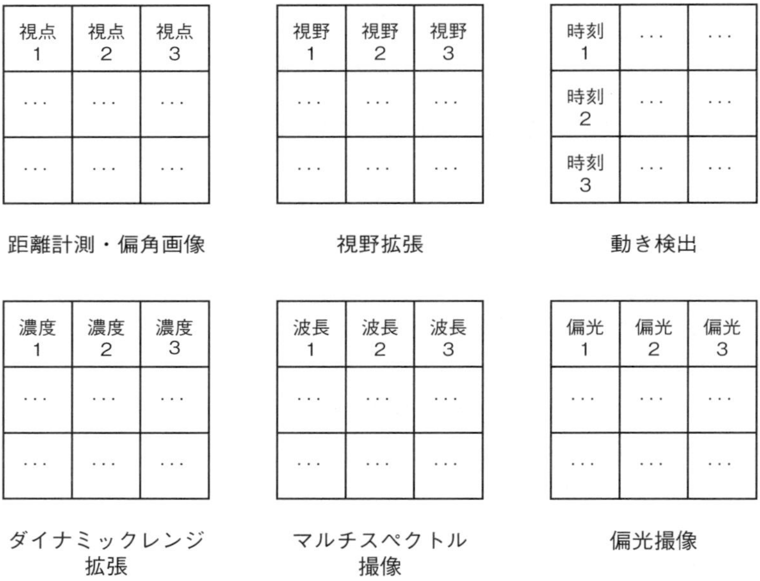

視点 1	視点 2	視点 3
...	...	...
...	...	...

距離計測・偏角画像

視野 1	視野 2	視野 3
...	...	...
...	...	...

視野拡張

時刻 1	...	...
時刻 2	...	...
時刻 3	...	...

動き検出

濃度 1	濃度 2	濃度 3
...	...	...
...	...	...

ダイナミックレンジ
拡張

波長 1	波長 2	波長 3
...	...	...
...	...	...

マルチスペクトル
撮像

偏光 1	偏光 2	偏光 3
...	...	...
...	...	...

偏光撮像

図 5.6 個眼の機能設定

5.3.2 同種均一個眼ユニット

すべての個眼ユニットが等しい光学特性をもつ均一複眼光学系であっても, 各個眼の空間配置に起因する視差が生じる. 少なくとも二つ以上の個眼ユニットを用いた物体撮像により, 奥行情報を含む空間信号を得ることができる. このような同種均一個眼ユニットを複数配置することにより, 物体までの距離情報や, 異なる角度から物体を観察して得られる偏角画像などを取得できる.

TOMBO システムに限らず平面イメージセンサに受光素子が配置された複眼撮像システムの場合, 物体が極端に近い場合を除いて, 各個眼ユニットはほぼ

同じ視野領域をもつ．そこで，個眼ユニットごとに異なる視野をもたせる工夫により，撮像システムの広角化が実現される．例えば，イメージセンサ上の個眼撮像領域に対してマイクロレンズアレイの間隔を広げる方法[24]，マイクロレンズアレイ直前にプリズムなどの偏向素子を配置する方法[27] などが考案されている．

ローリングシャッタ方式のイメージセンサでは，同じフレーム内でも画素ごとに露光のタイミングが異なる．この特性を利用することで，各個眼ユニットで異なる時刻の物体情報を観察することができる．個眼ユニット間の撮影時間差を利用することで，単一フレーム内で対象物体の動き検出が可能になる[27]．

5.3.3　異種混合個眼ユニット

4.3.2項で述べたように，複眼撮像システムでは，個眼ユニットごとに異なった光学特性をもたせることができる．計測対象に応じて，必要な個眼ユニットを組み合わせ，多様な物体情報を捉えることが可能になる．このような異種混合個眼ユニットにより，TOMBO システムの応用対象は大きく広がる．

例えば，個眼ユニットごとに透過率が異なる濃度フィルタを挿入すれば，光強度ダイナミックレンジを拡大できる．また，分光特性が異なる波長透過フィルタを用いれば，マルチスペクトルイメージングが実現できる．個眼ユニットごとに異なる方位や種類の偏光フィルタを装着すれば，偏光イメージングが可能になる．

異種混合個眼ユニットにより光学情報を取得する場合，各個眼の空間配置に起因する視差に注意しなければならない．特に，物体が近接領域にある場合，個眼ユニットごとの視野のずれが大きくなる．そのため，高い空間分解能が要求される用途では，補正処理が必要になる．一方，物体が無限遠にある場合，すべての個眼ユニットの視野は一致するため，このような補正処理は不要である．

5.3.4　さらなる機能拡張

複眼撮像システムでは，典型的なタスクだけでなく，より自由な利用法が考えられる．以下では，さらなる機能拡張を実現する個眼ユニットの機能設定法について紹介する．

(i) 光学計測の集積化プラットフォーム　　TOMBO システムでは，対象とする課題に応じた計測に必要な光学特性をもつ個眼ユニットを自由に配置することができる．すなわち，その機能設計は，用意された個眼スロットに適切な個眼ユニットを配置する問題に置き換えられる．TOMBO システムは，さまざまな種類の光学計測を集積化するためのプラットフォームとしての役割をもち，特定の課題に特化した撮像システムを構成することができる．

(ii) 可換フィルタの活用　　個眼ユニットに装着する濃度フィルタや波長フィルタは交換することができる．広ダイナミックレンジやマルチスペクトルなど特殊な機能を有する撮像デバイスが開発されているが，これらの多くはイメージセンサ製造段階からの工程が必要である．それに対して，TOMBO システムでは，個眼ユニットに使用するフィルタのサイズは数 mm 程度であり，別途用意したイメージセンサに装着すればよい．そのため，用途に応じてフィルタ部分のみを脱着させることができる．例えば，マルチスペクトル計測では，計測対象ごとに観察したい波長バンドが異なるため，波長フィルタの交換機能は非常に有用である．

(iii) 計算イメージングの適用　　新しいイメージング技術として計算イメージングが発展している．計算イメージングでは，物体信号を光学的に符号化し，取得された信号に対する演算処理で物体情報を再構築する．光学的符号化としては，プリズムによる画像シフトやマルチバンドパス波長フィルタによる分光透過率制御などが用いられる．これらの符号化処理を実行する個眼ユニットを用いることで，TOMBO システムによって取得可能な情報の種類をさらに増やすことができる．これについては，10.2.3 項にて改めて説明する．

6

TOMBOのハードウェア実装

複眼撮像システム TOMBO の開発には，レンズをはじめとする光学部品，イメージセンサ，信号分離隔壁などの作製とそれらの実装技術が必要になる．本章では，これまでに試作された代表的な TOMBO システムを振り返り，システム開発に向けたさまざまな試行錯誤について紹介する．その上で，TOMBO システムを構成するハードウェア実装に関する知見を整理する．

6.1 TOMBO 試作システム

TOMBO は，シンプルな構造をもち，機能カスタマイズも容易であることから，多数の試作システムが作製されている．本節では，いくつかの代表的なプロトタイプシステムを紹介する．各システムは，当時利用可能であった実装技術を利用したもので，新たなシステム開発に対して有用な情報を与えてくれる．なお，具体的な課題に特化された試作システムについては，9 章において紹介する．

6.1.1 TOMBO 評価システム

複眼撮像システム TOMBO 開発の発端は，1998 年秋の大阪府地域結集型共同研究事業「テラ光情報基盤技術開発」の開始に遡る[28]．同共同研究における研究課題の一つとして，大阪大学大学院工学研究科物質・生命工学専攻において，複眼撮像システム TOMBO の実装方法が検討された．その成果による実験システムとして，TOMBO 評価システムが作製された．

図 6.1 に TOMBO 評価システムの概観と断面図を示す．構成部材として，マイ

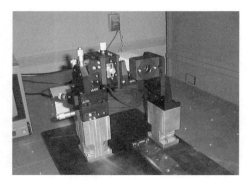 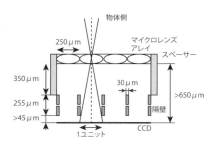

概観　　　　　　　　　　　　　　　　断面図

図 6.1　TOMBO 評価システム

クロレンズアレイに日本板硝子製平板マイクロレンズ（PML-FW0250S0096S-NC，焦点距離 0.65mm，レンズ径 0.25mm，レンズピッチ 0.25mm），イメージセンサには浜松ホトニクス製 CCD カメラ（C5948，2/3 インチ，画素サイズ $11 \times 11\mu m$）を用いた．信号分離隔壁は，大日本スクリーンの試作により，ステンレス板を YAG レーザーにより加工した隔壁厚 $30\mu m$，隔壁高さ $100\mu m$ のものを 2 枚重ねた．これらを微動ステージにより光学定盤上に固定してシステムを構成した．個眼ユニット数 5×5 の均一複眼撮像システムであり，個眼あたりの画素数は約 200×200 である．コンパクトな筐体をもつ複眼カメラではなく，原理検証のための実験試作機として位置づけられる．

同システムの実装において問題となったのが，信号分離隔壁である．イメージセンサ上で実像を得るためには，マイクロレンズアレイとイメージセンサの間隔はレンズの焦点距離より長くなければならない．しかし，作製した信号分離隔壁の高さでは不十分であるため，次善の策をとった．すなわち，図 6.1 の断面図に示すように，隔壁をできる限りイメージセンサ側に寄せ，2 枚の隔壁用ステンレス板を $50\mu m$ の隙間をあけて設置した．

TOMBO 評価システムによる撮影画像の一例を図 6.2 に示す．画質は十分ではないが，予想通りの複眼画像が得られることを確認できた．また，信号分離隔壁の効果を調べるため，その有無による撮影画像を比較した．その結果より，信号分離隔壁が完全に個眼ユニットを分割する構造でなくとも隣接個眼ユニッ

6.1 TOMBO 試作システム

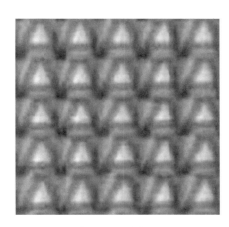

信号分離隔壁あり　　　　　　　　　　　　　信号分離隔壁なし

図 6.2　TOMBO 評価システムによる撮像例

トからの混信が防がれていることを確認できた．

　一方，撮影された二つの複眼画像を比較すると，信号分離隔壁なしの方が非常に明るい．信号分離隔壁による影の部分がないことと，隣接個眼ユニットからの混信を含めてシステムに入射したすべての光がイメージセンサで取得されていることによる．光量が限られた環境において重複像眼が有利であることが実験的に示されている．

　本試作システムで採用したレンズとイメージセンサの間に隙間がある構造は，個眼ユニット間の信号の往来を許す重複像眼に見られるものである．ただし，重複像眼の隙間はセンサである視細胞近くに位置している．一方，本システムではセンサ側に隔壁を寄せて設置することで，個眼ユニットの独立性を高めた連立像眼を模倣している．これらの構造の違いは，隙間位置の移動により，複眼撮像システムを連立像眼的にも重複像眼的にも変更できる可能性を示している．

6.1.2　一体型 TOMBO モジュール

　大阪府地域結集型共同研究事業「テラ光情報基盤技術開発」は約 5 年半にわたって実施され，薄型光・電子融合情報システムの研究開発として TOMBO システムに関わるさまざまな技術開発が進められた[28]．複眼光学系にかかる理論

や画像再構成法，TOMBO システムの構成部材の作製，実証システムの試作などにおいて大きな進展を得ることができた．その成果の一つとして，一体型 TOMBO モジュールがあげられる．

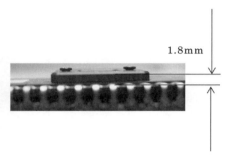

図 6.3　一体型 TOMBO モジュール

図 6.3 に作製された一体型 TOMBO モジュールの概観を示す．本 TOMBO モジュールの構成部材は，すべて新たに作製したものを用いた．マイクロレンズアレイはエッチング加工による焦点距離 1.3mm，レンズ口径 0.5mm，レンズピッチ 0.5mm のもので，イメージセンサは $0.6\mu m$ 標準 CMOS プロセスにより，画素数 320×320，画素ピッチ $10\mu m$ のものを自作した．個眼ユニット数 6×6，個眼あたりの画素数約 50×50 である．

信号分離隔壁は SUS 薄板をエッチングにより加工したものを熱圧着により複数枚重ね合わせて作製した．これらの構成部材を精密に位置合わせするため，撮像された複眼画像から再構成された画像を確認しながら調整する手法を用いた．その結果，セラミックパッケージを含めて厚さ 4mm，光学系部分だけでは厚さ 1.8mm の薄型 TOMBO モジュールを作製することができた．

6.1.3　カラー CCD 評価システム

テラ光情報基盤技術開発では，TOMBO システムのカラー化を目的としたカラー CCD 評価システムも試作した[28]．市販のカラー CMOS イメージセンサの上にマイクロレンズアレイと信号分離隔壁で構成される複眼光学系を設置した．マイクロレンズアレイと信号分離隔壁には，一体型 TOMBO モジュールと

6.1 TOMBO 試作システム

図 6.4 カラー CCD 評価システム

同じく,焦点距離 1.3mm,口径 500μm のレンズアレイと熱圧着した SUS 薄板を利用した.カラー CCD は画素数 2384×1734,画素ピッチ 3.125μm,RGB フィルタ Bayer 配列で,この上に 10×10 の個眼ユニットを設定した.個眼あたりの画素数は 160×160 で,カラー画像としては 80×80 画素となる.図 6.4 にその概観を示す.

7.3 節で説明するが,TOMBO システムにおけるカラー化には個眼レンズごとにカラーフィルタを配置する方式と,画素ごとにカラーフィルタを配置する 2 方式が考えられる.イメージセンサをカラーセンサに置き換えた本試作システムは,画素ごとカラーフィルタ配置に対応する.図 6.5 に撮像された複眼画像とそれによる再構成画像例を示す.TOMBO システムとして良好な再構成画像を得ることができた最初の例である.

複眼画像　　　　　　　個眼画像　　　　　　　再構成画像

図 6.5 カラー CCD 評価システムによる撮像例

6.1.4 TOMBO-Plaza 1

テラ光情報基盤技術開発に続くプロジェクトとして，科学技術振興事業団（現科学技術振興機構）研究成果活用プラザ大阪における育成研究課題「超薄型画像入力モジュール」において複眼撮像システムの高性能化をめざした．同プロジェクトでは，複眼撮像システム TOMBO の高性能化を進め，超薄型の撮像カメラの開発を目標とした．その成果の一つとして作製された試作システムが TOMBO-Plaza 1 である．

図 6.6 に TOMBO Plaza 1 の概観を示す．同システムは撮像モジュール部と制御コンピュータにより構成されている．撮像モジュール部の大きさは，縦 59.5mm × 横 59.5mm × 厚さ 9.0mm である．これは薄型複眼カメラと呼べる形態をはじめて実現した TOMBO 試作システムである．

イメージセンサは，$0.35\mu m$ 汎用 CMOS プロセスによる専用アクティブピクセルイメージセンサの設計を行い，ウェハファウンドリサービスにより試作し

図 6.6 TOMBO-Plaza1 の概観

表 6.1 M チップの主な仕様

画素数	1040（水平，うちモニター用 80）×960（垂直）
画素ピッチ	$6.25\mu m$（水平）× $6.25\mu m$（垂直）
開口率	46%
チップ寸法	7.6mm（水平）× 7.0mm（垂直）
試作プロセス	austriamicrosystems $0.35\mu m$ ルール CMOS

た.同イメージセンサ(約 100 万画素であることから,M チップと呼称)の主な仕様を表 6.1 にまとめる.

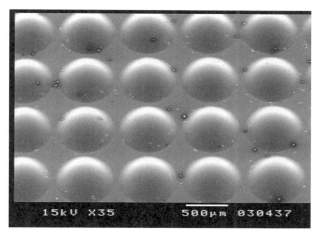

図 6.7　マイクロレンズアレイの顕微鏡写真

表 6.2　マイクロレンズアレイの仕様

レンズ個数	8×8
レンズピッチ	$750\mu m$
レンズ焦点距離	$700\mu m$
解像度(中心)	160 lp
F 値	2.0

マイクロレンズアレイは,物体側を凸面,像側を平面とする平凸レンズとして,物体側に絞りを設けることにより解像度が向上できることを確認した.作製にはコストダウンが期待できるガラスモールドを用いた.作製したマイクロレンズアレイの顕微鏡写真を図 6.7,その仕様を表 6.2 に示す.これらの結果,個眼ユニット数 8×8 の均一複眼撮像システムとなり,個眼あたりの画素数は約 110×110 である.

TOMBO-Plaza 1 でもカラー撮像を行えるようにした.カラー化には個眼ごとにカラーフィルタ配置による手法を用い,その構成部品としてカラーフィルタ

アレイを作製した．フィルタには干渉膜と顔料を利用したもの 2 種類を試作したが，前者は斜入射の影響が大きいため，顔料蒸着によるものを採用した．赤青緑 3 色の波長フィルタを Bayer 配列で個眼ユニットごとに割り当てた．

　　複眼画像　　　　　再構成画像（画素再配置法）　　再構成画像（IBP 法）
図 6.8　TOMBO-Plaza 1 による撮像例

図 6.8 に TOMBO-Plaza 1 で撮影した画像例を示す．複眼画像より，個眼ユニットごとに赤，青，緑の個眼画像が得られている様子がわかる．ここで用いられた二つの再構成画像の生成手法については 7.1 節と 8.2 節で説明する．

6.1.5　船井 TOMBO モジュール

2000 年代前半に，船井電機株式会社において複数の TOMBO モジュールが開発された[27]．図 6.9 に船井 TOMBO モジュールの一例を示す．表 6.3 にその仕様をまとめる．マイクロレンズアレイは，平凸球面ガラスレンズ（焦点距離 1mm，レンズ径 1mm）をレンズピッチ 水平 1.25mm ×垂直 1.05mm のレンズホルダーにはめ込んで構成されている．個眼ユニット数 3 × 3 は，複眼撮像システムとして少ないように思われるが，個眼ユニットあたりの画素数が多くとれるため，TOMBO システムの機能実証には十分なシステムである．

表 6.3　船井 TOMBO モジュールの仕様

解像度		光学系	
個眼ユニット数	3 × 3	焦点距離	1mm
個眼画素数	360 × 300	材質・形状	平凸球面ガラス
画素ピッチ	3.18μm	アレイピッチ	1.25mm×1.05mm
		水平画角	50°

6.1 TOMBO 試作システム

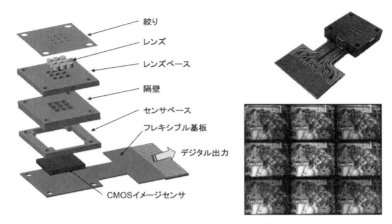

図 6.9 船井 TOMBO モジュールの概観

イメージセンサには CMOS イメージセンサが用いられており，信号分離隔壁部材をイメージセンサにできるだけ近づけるため，センサ表面にカバーガラス（約 0.4mm 厚）が密着した CSP（Chip Size Package）構造のものが用いられている．

絞り，レンズホルダ，信号分離隔壁，センサベースは 50μm あるいは 100μm 厚の金属薄板をエッチングによって作製され，その表面は反射防止のために黒化処理がされている．この金属薄板の積層により隔壁構造を実現するとともに，積層数の調整によりレンズのフォーカス距離を調整可能にしている．カラー画像の色再現性のため，高分子材料による近赤外光カットフィルタが積層構造の間に挿入されている．

図 6.10 に船井 TOMBO モジュールで得られた複眼画像からの再構成画像を示す．近接領域から遠隔領域まで良好な画像が得られていることが確認できる．画質の向上には，単体の平凸ガラスレンズを用いた効果が大きい．残念ながら，マイクロレンズアレイは集光素子として利用されることが多く，優れた結像性能をもつものは高価である．そのため，単体の小型レンズをレンズホルダーに実装する形態は理にかなったものであると考えられる．

図 6.10 船井 TOMBO モジュールによる再構成画像

6.1.6 PiTOMBO

さまざまな用途に利用可能なシングルボードコンピュータとして，Raspberry Pi が広く用いられている[29]．イギリスの Raspberry Pi 財団により開発されており，安価でさまざまなセンサとの接続が容易などの理由により，IoT デバイスの試作や開発にとって有用である．周辺デバイスも多数提供されており，それらを活用することで，容易に IoT デバイスを構成することができる．Raspberry Pi 用カメラをベースにした複眼撮像システムが，マルチスペクトル複眼カメラ PiTOMBO として株式会社アサヒ電子研究所で開発され，商品化されている[30]．その概観と撮影例を図 6.11 に，システム仕様を表 6.4 に示す．サイズは 38mm × 38mm × 9.4mm と非常にコンパクトな複眼カメラである．

PiTOMBO は，個眼ユニット数 2×2 と少ないが，RGB カラーと近赤外バ

表 6.4 PITOMBO の仕様

解像度		光学系	
個眼ユニット数	2×2	焦点距離	4mm
個眼画素数	2028×1520	絞り	F8, F5.6
解像度	750TV 本以上	個眼間視差	3.14mm×2.36mm
		個眼画角	43° ×32°

概観　　　　　　　　　　　　　　　　撮影画像
図 6.11　PiTOMBO PH4V1N3（アサヒ電子研究所）

ンド波長フィルタの組み合わせ，撮影距離の指定など，用途に応じたカスタマイズが可能である．また，従来の試作 TOMBO システムと比較して，個眼画素数が極めて多いことが特徴である．PiTOMBO では Raspberry Pi の動作・開発環境をそのまま利用できるため，さまざまな課題への適用が容易である．執筆時点において市場で入手可能な汎用複眼撮像システムであり，複眼撮像システム導入の効果を確かめる上でも有用な TOMBO システムである．

6.2　TOMBO システムの実装技術

前節において代表的な TOMBO 試作システムを紹介した．これらの TOMBO システム開発の変遷をたどることにより，システムの開発過程で明らかになった課題を知り，それらに対する解決策を学ぶことができる．これまで構成部品や周辺技術の進展に伴ってシステムの高性能化が達成されてきたが，システム実装の方式は一つとは限らない．そこで，TOMBO を構成するハードウェアに必要な要件を整理して，新たな開発に向けた知見として整理する．

6.2.1　TOMBO の構成ハードウェア

主な試作 TOMBO システムの仕様を表 6.5 にまとめる．これらの開発時期は 1990 年代から 2020 年以降まで開きがあり，利用可能な構成部品や周辺技術は異なっている．そのため，使用デバイスや利用可能な実装技術が検討され，

表 6.5 試作 TOMBO システムの仕様

名称	個眼モジュール数	レンズ焦点距離	個眼画素数	形態
TOMBO 評価システム	5×5	$650\mu m$	200×200	部材組み合わせ
一体型 TOMBO モジュール	6×6	1.3mm	320×320	モジュール
カラー CCD 評価システム	10×10	1.3mm	160×160	部材組み合わせ
TOMBO-Plaza1	8×8	$700\mu m$	110×110	モジュール
船井 TOMBO モジュール	3×3	1mm	360×300	モジュール
PiTOMBO	2×2	4mm	2028×1520	モジュール

さまざまな形態のシステムが作製されている.

　複眼撮像システムは，このようなシステム構成における自由度の高さが特徴である．具体的な課題に適用する場合，性能とコストのバランスが重要な観点になる．その点で，豊富なオプションをもつ複眼撮像システムは他の手法と比べて優位なソリューションを与えると期待される．

　以下では，TOMBO システムの構成要素ごとに技術開発の経緯をたどりながら，それぞれに必要とされる要件を整理する.

6.2.2 光学素子

複眼撮像システムにおけるもっとも重要な構成部材は撮像レンズである．自然界に見られる生物の複眼では，個眼光学系は入射光を集光するために用いられている．そのため，集光ができれば個眼レンズの形状は大まかでよく，多少のばらつきがあっても問題ない．独立性の高い個眼ユニットで構成される連立像眼は，それを許容する点でも優れたシステムデザインであるといえる．

　一方，複眼撮像システム TOMBO では各個眼ユニットが物体情報を画像信号として取得するため，個眼レンズは物体像を結像させなければならない．個眼レンズの結像性能が複眼撮像システム全体の性能を左右するため，優れた結像特性をもった高精度かつ高性能な個眼レンズが必要となる．このように新たな課題の発生は，自然界の生物にヒントを得ながらも，既存技術を最大限に活用しようとするバイオミメティクスにはつきものであり，新たな技術チャレンジの出発点になる．

　当初の試作システムでは，微小光学技術を適用し，石英材料のエッチングやガラスモールドによるマイクロレンズアレイを作製した．個眼ユニット数が多い場合，個眼レンズを集積するためには複数レンズが一体化されたレンズアレ

イの利用が合理的である．しかし，いずれの試作システムにおいても良好な撮像性能は得られなかった．いくつかの原因が考えられたが，重要な一つの要因として，少なくとも当時のレンズアレイ作製技術では十分な結像性能を達成できなかった点があげられる．

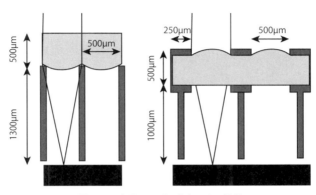

図 6.12 個眼レンズの向きによる比較

多くのマイクロレンズアレイはレンズ面の一方が平面の平凸型である．レンズに対する被写体距離とイメージセンサとの距離は前者が圧倒的に長い．レンズ面の屈折力を考慮すれば，光軸に対して並行に近い光線が入射する被写体側を凸面，反対のイメージセンサ側を平面にする必要がある．図 6.12 に平凸レンズの向きによるバックフォーカスの違いを計算した結果を示す．図より明らかなように，被写体側を凸面にする方がバックフォーカスが短くなり，撮像光学系全体を薄型にできる．ただし，光線の制御はほぼ凸面の形状だけに限られるため，優れた結像性能を達成することは難しい．

これらの平凸レンズの問題点を解決するためには，組み合わせレンズ構造や両凸型レンズの採用が考えられる．ただし，それらのアレイ化には基板の表裏面での高精度な位置合わせが必要であり，作製は困難かつ高価になる．そのため，小ロット製造を前提とする限り，結像性能に優れたレンズアレイではなく，個別に作製された小型レンズを集積する手法が一般化している．

なお，小型レンズを集積する実装では，個眼ユニット数が増えるほど部品コストは増加する．そのため，最近の TOMBO システムでは個眼ユニット数が

減少する傾向にある．なお，個眼ユニット数については考慮すべき項目が多くあり，11.1 節において改めて取り上げる．

6.2.3 信号分離隔壁

複眼撮像システム TOMBO において，信号分離隔壁は，個眼ユニットの信号独立性を確保する上で重要な役割を果たす．1 枚のイメージセンサを分割して個眼ユニットを構成するため，信号分離隔壁の壁面は薄いほど無駄な受光素子を減らすことができる．また，隣接する個眼ユニット間の混信を防ぐ上では，信号分離隔壁は高いほどよい．ただし，このような高アスペクト比の微細加工は技術的な困難を伴う．

信号分離隔壁の生成方法について，これまでに主に 3 種類の方式が検討されている．図 6.13 にこれら 3 方式による信号分離隔壁の試作例を示す．

最初は，ステンレス板に対する YAG レーザーによる穴あけ加工を利用した．比較的容易に作製できるものの，加工面精度は低く，隔壁幅を薄くすることは困難であった．隔壁幅が広くなるほどイメージセンサ上で利用されない受光素子が増えるため，その薄型化はシステム性能に大きく影響する．

そこで，LIGA による隔壁の作製を行った[31]．LIGA は高アスペクト比の微細構造を実現する加工技術で，X 線リソグラフィと電鋳（電気メッキ），モールディングを組み合わせた手法である．100:1 オーダーのアスペクト比の作製が可能であり，光学ミラーに利用できるほどの表面精度が得られる．高さ数十 μm から数 mm 程度の加工が可能で，信号分離隔壁に適した技術として試作を行った．残念ながら，試作結果は高い表面精度が災いして，壁面での反射によ

図 6.13 信号分離隔壁の試作例

る折り返し信号が生じてしまった．黒化処理などの併用も検討したが，もともと高価な技術であり，広範な分野での活用をめざす TOMBO システムには適さないと判断した．

それらに代わる手法が，個眼ユニット区画を打ち抜いた薄い金属板の重ね合わせによるものである．加工しやすい SUS 材料などの打ち抜き板を積み重ねて，高さ数 mm 程度の信号分離隔壁を作製する．積み重ね枚数によって隔壁高さを調節でき，全体構造と一体化することにより，レンズとイメージセンサ間の距離を調整することもできる．重ね合わせ構造により壁面には微細な段差ができるため，黒化処理との併用により，LIGA で問題となった壁面での反射を低減できた．さらに，薄板の間にフィルタを挟み込むことも可能であり，多様な用途に用いられる TOMBO に適した自由度の高い方式と考えられる．

6.2.4 イメージセンサ

TOMBO 評価システムの開発当時，CCD に対して CMOS イメージセンサはまだまだ性能的に及ばない状況であった．その後，半導体集積技術の発展に伴い，周辺回路を含めた高集積化・高機能化が可能な CMOS イメージセンサが広く用いられるようになった．結像光学系の回折限界に引きずられ画素の高密度化が抑制された時期があったが，現在の受光セルサイズは $2\mu m$ 以下に達している．これらは撮像画像の超高解像化に向けた動きであるが，イメージセンサを個眼ユニットごとに分割して利用する複眼撮像システムにとっては追い風になる技術トレンドである．

CMOS イメージセンサでは，露光時間を制御するシャッタが装着されており，グローバルシャッタとローリングシャッタの2種類がある．これらの方式は，画像を一度に取得するか，画像の水平方向あるいは垂直方向に走査しながら順次取得するか，の違いである．撮像特性として，高速に移動する被写体の場合，グローバルシャッタでは形状に変化はないが，ローリングシャッタでは形が歪んでしまう．一方，デバイス構造的にはローリングシャッタが簡単であり，歪み補正処理との組み合わせにより広く用いられている．7.4.4 項にて紹介するように，ローリングシャッタ方式の CMOS イメージセンサを活用した複眼撮像システムによる動き計測が考案されている[27]．

CMOS イメージセンサの性能向上技術の一つとして，受光セルにおける集光用のオンチップマイクロレンズがあげられる．各受光セルでは，受光回路の設置領域が必要であり，セル領域の一部として開口窓が設けられるため，入射光を開口窓に集光させるためのオンチップマイクロレンズが集積されている．通常の CMOS イメージセンサは単一レンズによる結像光学系を前提として設計されており，複眼光学系に用いた場合，オンチップマイクロレンズと開口窓の位置関係にずれが生じる．理想的には，イメージセンサを含めた複眼撮像システム全体の光学設計を行い，複眼光学系専用イメージセンサを開発することが望ましい．その際，信号分離隔壁によるデッドスペースに周辺回路を配置するなどの工夫により，チップ面積を有効活用する方法も考えられる．

6.2.5 制御プロセッサ

本章で紹介した TOMBO 試作システムはいずれも複眼撮像センサ部と制御部が分離されたハードウェアによって構成されている．しかし，センサ部の演算負荷は必ずしも高くなく，映像データを取り扱える処理性能があれば制御部はどのような実装形態でもよい．一般的には，イメージセンサメーカーから提供されるデバイスドライバを利用するため，取り扱いが容易で，かつ，OpenCV をはじめとする画像処理ライブラリなど開発環境に優れるパーソナルコンピュータが利用される．

ただし，複眼撮像システムのコンパクト性を活用するためには，小型コンピュータや専用処理回路との組み合わせによる携帯可能なハードウェアが望ましい．小型コンピュータ Raspberry Pi での利用を可能にした PiTOMBO は，その用途に適した複眼撮像システムである．Raspberry Pi では開発環境が整っており，さまざまな課題への展開が期待できる．

さらに，コンパクト化や省エネルギー化が必要であれば，FPGA やイメージセンサへのオンチップ実装という選択肢もある．いずれも，初期投資が必要となるため，適用課題や想定される市場との兼ね合いによる．これらの状況は他の情報機器と同じであり，技術トレンドに基づいた判断が必要になる．

7

基本的な利用法

TOMBO システムは，さまざまな課題に利用することができる．本章では，複眼光学系の特性に合致した基本的な利用方法を取り上げて説明する．具体的には，画像再構成，距離計測，カラー撮像，並列画像計測の 4 項目について解説する．その上で，TOMBO システムを活用する際に留意すべき事項についてまとめる．

7.1　画 像 再 構 成

TOMBO システムは一つの撮像システムを複数の小さな個眼ユニットに分割した光学システムである．撮像システムの分割により，結像光学系の作動距離を短く，被写界深度を伸長し，そして，光線情報を取得することができる．一方，分割によりシステム本来の撮像性能が著しく損なわれることはやはり問題である．高品質な物体画像を得るための画像再構成は TOMBO システムの基本的かつ重要な処理であり，複数の手法が考案されている．

7.1.1　画素サンプリング法

自然界の連立像眼の撮像原理に従い，個眼ユニットごとに画素信号をサンプリングすることで撮影物体を再構成することができる．この手法は画素サンプリング法と呼ばれている．連立像眼では一つの個眼が 1 画素に対応するため，各個眼ユニットにおいてイメージセンサ上の適切な位置の画素信号を画素信号として読み出せばよい．

TOMBO システムでは，個眼ユニット数と等しい数の物体像が得られる．こ

のとき，各レンズと物体との位置関係により，個眼ユニットにおける物体像の位置は少しづつシフトする．イメージセンサ-レンズ間距離 a，レンズ-物体間距離 b，ユニットサイズ d とすると，シフト量 Δx, Δy は次式で表される．

$$\Delta x = \Delta y = \frac{b}{a}d \tag{7.1}$$

すなわち，隣接する個眼ユニットごとに，物体像は Δx，あるいは，Δy ずつシフトしていく．

x 方向 p 番目，y 方向 q 番目の個眼ユニット $[p, q]$ で得られる物体像を $f_{pq}(x, y)$ と表すと，以下の関係が成り立つ．

$$f_{pq}(x, y) = f_{00}(x - p\Delta x, y - q\Delta y) \tag{7.2}$$

このとき，各個眼ユニットの原点 $(0, 0)$ の信号のみを取り出して集めると，

$$g[p, q] = \sum_p \sum_q f_{p,q}(0, 0) = f_{00}(-p\Delta x, -q\Delta y) \tag{7.3}$$

なる離散画像 $g[p, q]$ が得られる．これは，個眼ユニット $[0, 0]$ で得られた個眼画像を b/a 倍に拡大した画像である．$f_{pq}(x, y)$ は物体の倒立縮小像であるから，この手続きによって得られる画像 $g[p, q]$ は倒立像の倒立像，すなわち，物体の正立像になる．

個眼ユニットにおいて画素信号をサンプリングする座標を変えることにより，物体のシフト，拡大縮小，回転の操作を行うこともできる[10]．図 7.1 に実行例を示す．これらは，各個眼ユニットにおけるサンプリング点を一定の規則に従って選択することにより実現できる．

画素サンプリング法の大きな問題点として，出力画像の画素数は個眼ユニット数によって決められる．そのため，高解像画像を得るためには，非常に多数の個眼ユニットを用意しなければならない．その点より，本手法は数千から数万個の個眼によって構成された自然界の複眼を模倣した人工複眼システムに適したものといえる．

7.1.2 レジストレーション法

2.2.4 項で述べたレジストレーション操作により，複数の個眼画像から高解

7.1 画像再構成

通常サンプリング

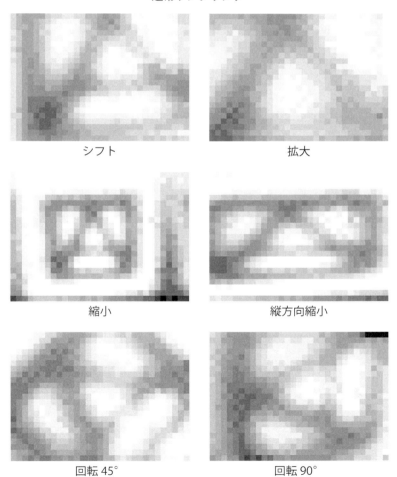

図 7.1 画素サンプリング法による画像変換

像な物体像を再構成するレジストレーション法が実行できる．これは，個眼画像からイメージングの逆過程をさかのぼる処理である．あらかじめ物体距離を設定して，個眼画像の各画素信号を1枚の画像上に再配置する．各画素信号は，物体距離や複眼光学系のアライメントに依存したそれぞれ異なる撮影条件で得られた信号であり，それらを統合することにより，個眼画像の画素数を上回る高解像画像を生成できる．

ただし，4.1.3項で示したように，複眼光学系は物体距離に応じて取得可能な信号が大きく変動する．レジストレーションによる画像再構成は，サブ画素サンプリングが満たされる特定の物体距離においてのみ，最良の結像性能が得られる．一方，この距離依存性を利用して，物体距離を計測する手法が考えられており，それについては次節で紹介する．

7.1.3　画素再配置法

レジストレーション法を発展させた手法として，画素再配置法が提案されている．図7.2にその原理を示す．設定した物体距離において，各個眼画像の画素を再配置画像上にレジストレーションする．その際，各個眼画像から推定した画素座標を利用する．画素値自体は変化させず，光学系の倍率変化による画素領域の拡大も行わない．いわば，個眼画像の画素中心点の幾何学的な逆投影

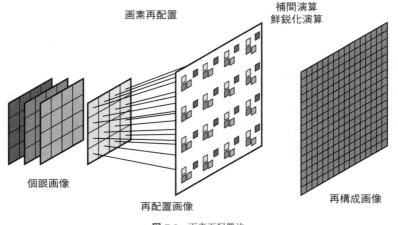

図7.2　画素再配置法

である．再配置画像には，逆投影画素の粗密によって画素情報が得られない領域が生じる．その領域に対しては，隣接画素からの補間演算により画素値を埋める．最後に，ボケの影響を排除するため，Wiener フィルタなどによる鮮鋭化処理を適用する．

本手法では，画素座標の推定精度が再構成画像の画質に大きく影響する．そのため，2 次元相関演算に基づく手法が考えられている．2 次元相関演算法では，すべての個眼画像が等しい物体画像をもっていると仮定し，二つの個眼画像に対する相関関数よりシフト量を推定する．その際，相関関数を 3 次曲線で補間することにより，個眼画像の画素ピッチより細かい精度でピーク位置を算出する．

7.1.4 線形システムモデル法

2.4 節で述べたように，イメージングシステムは線形システムとして数理モデル化することができる．すなわち，物体信号 x，観測信号 y，TOMBO 撮像系のシステム行列 H に対して次式として表現される．

$$y = Hx \tag{7.4}$$

ここで，システム行列 H は均一複眼光学系における入出力応答を記述したものである．

複眼画像からの物体画像の再構成処理は，観測信号である複眼画像 y から物体の再構成画像 x を求める逆問題として定式化される．逆問題の解法には，2.4 節で紹介した擬似逆行列法や目的関数を用いた数理最適化など各種の手法を用いることができる．

7.2 距 離 計 測

複数の視点からの個眼画像が一度に得られる複眼撮像システムに適した応用として距離計測がある．ここでは，一般的なステレオ法と複眼光学系の特性を生かしたレジストレーション誤差評価法について説明する．

7.2.1 ステレオ法

図 7.3 にステレオ法による距離計測の原理を示す．この手法では，たかだか二つの個眼ユニットがあれば撮影物体までの距離を計測することができる．このとき，物体距離 L は式 (7.5) により算出できる．

$$L = \frac{Bf}{d} \tag{7.5}$$

$$d = d_R - d_L \tag{7.6}$$

ここで，B は二つの個眼ユニットの光軸間隔（ベースライン），f はレンズの焦点距離，d_L, d_R は各個眼画像上での座標，d は二つの個眼画像から取得された物体視差に相当する．

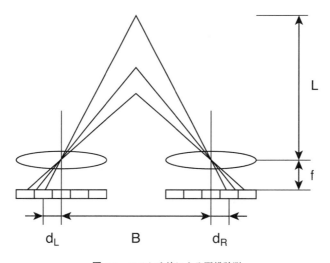

図 7.3 ステレオ法による距離計測

実際には，個眼画像を取得するイメージセンサは有限の画素ピッチをもつため，画素単位の視差量 m と実際に計測される距離 z と距離分解能 Δz は次式で表される関係をもつ．

$$z = \frac{Bf}{mp} \tag{7.7}$$

$$\Delta z = \frac{p}{Bf} z^2 \tag{7.8}$$

ここで，p はイメージセンサの画素ピッチである．

図 7.4 に $p = 2.2\mu\text{m}$, $B = 2.2\text{mm}$ のイメージセンサに対して，焦点距離 $f = 2, 5, 10\text{mm}$ のレンズをそれぞれ組み合わせた場合に計測される距離を示す．視差量が画素単位で得られるため，図中の点で表されるように離散的な値として計測される．

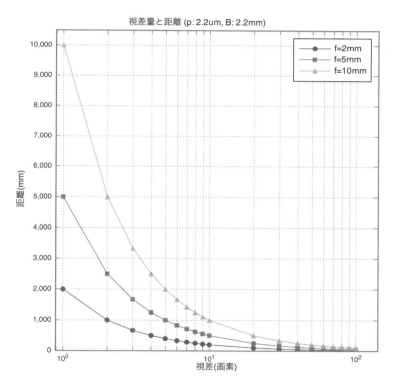

図 7.4 視差量と計測距離

図 7.4 で示されるように，焦点距離が長くなればなるほどより遠くまで物体距離を計測することができる．また，いずれの焦点距離においても遠方ほど距離の分解能が悪くなる．その関係を図 7.5 に示す．視差量の離散性を考慮した距離分解能は式 (7.9) によって表される．

7. 基本的な利用法

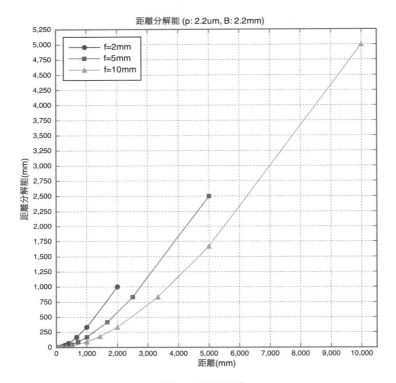

図 7.5 距離分解能

$$\Delta z = \frac{1}{m(m+1)} \frac{Bf}{p}, \quad m = 1, 2, \cdots \quad (7.9)$$

焦点距離 f にかかわらず，遠くの計測ほど距離分解能は悪くなる．特に，複眼撮像システムのような小型の装置では，基線長 B は短く，計測可能な物体は近接領域に限られる．それに加えて，距離分解能は遠方ほど悪くなるため，遠方物体に対しては実用的でない．最大計測距離 $z_{\max}$ とその距離における距離分解能 $\Delta z(z_{\max})$ は次式で表される．

$$z_{\max} = \frac{Bf}{p} \quad (7.10)$$

$$\Delta z(z_{\max}) = \frac{1}{2} z_{\max} \quad (7.11)$$

7.2.2 レジストレーション誤差評価法

複眼撮像システムは二つ以上の個眼ユニットをもつため,それらの利用により計測精度をあげることができる.レジストレーション誤差評価法は,この考え方に基づいた距離計測法である.

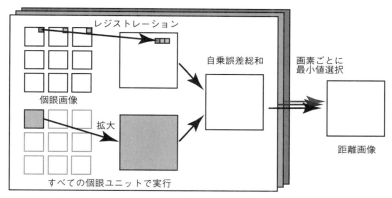

図 7.6 レジストレーション誤差評価法

図 7.6 にレジストレーション誤差評価法の原理を示す.まず,複眼画像として捉えられた物体信号を個眼画像に分割する.図では 3×3 の個眼ユニットにより構成された TOMBO システムを想定している.ある距離 $z = z_0$ を設定し,その距離においた仮想平面に対して,各個眼画像の画素情報をレジストレーションする.この操作は,イメージセンサで捉えた光信号から仮想平面上に物体情報を再構成することに相当する.一方,一つの個眼画像を単純拡大した拡大個眼画像を生成する.複眼光学系の一般的な性質として,深い被写界深度をもつため,拡大個眼画像はパンフォーカス画像に近く,近距離から遠距離まで適度にフォーカスされた物体画像が得られる.

これらの再構成画像と拡大個眼画像に対して画素ごとの自乗誤差を計算し,すべての拡大個眼画像に対して同様に計算した自乗誤差を積算した誤差画像 $\mathrm{SSD}(x, y; z_0)$ を生成する.この手続きを,距離 z を $z_{\min}$ から $z_{\max}$ まで変化させて繰り返し,誤差画像群 $\mathrm{SSD}(x, y; z), z \in \{z_{\min}, \cdots, z_{\max}\}$ を得る.画素ご

とに誤差画像群から最小になる z を選択し，それらの画素値を集めることで距離推定画像 $\hat{z}(x,y)$ を再構成する．

すなわち，

$$\mathrm{SSD}(x,y;z) = \sum_{i=1}^{M}(R_i(x,y) - B(x,y;z))^2 \quad (7.12)$$

$$\hat{z}(x,y) = \operatorname*{argmin}_{z} \mathrm{SSD}(x,y;z) \quad (7.13)$$

$$z \in \{z_{\min}, \cdots, z_{\max}\}$$

ここで，$R_i(x,y)$ が個眼 i の拡大個眼画像，M が個眼ユニット数，$B(x,y;z)$ が距離 z の平面にレジストレーションした再構成画像である．

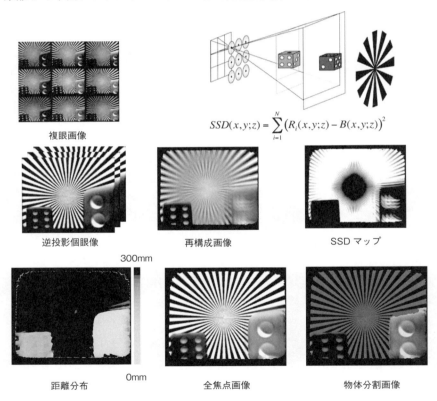

図 7.7　レジストレーション誤差評価法による再構成画像

図 7.7 に実行例を示す．距離分布は，各画素において SSD が最小になる $\hat{z}$ の値をまとめて構成した画像である．距離 $\hat{z}$ に対応する再構成画像からその画素値だけを抽出し，同様の手続きですべての画素値を集めることにより，すべての距離でフォーカスした全焦点画像を得ることができる．また，距離情報の利用により，物体分割画像が得られる．このように，レジストレーション誤差評価法は複眼撮像システムの特徴を生かした距離計測法である．

7.2.3 距離計測法の比較

物体距離と距離分解能に応じて，どの距離計測法が優れているかを図 7.8 にまとめた．図からわかるように，ステレオマッチング法は物体距離と距離分解能がともに小さい用途に向いている．それに対して，レジストレーション誤差評価法はより大きな物体距離と距離分解能に適した手法である．

必要な個眼ユニット数の観点では，ステレオマッチング法はたかだか二つしか使用しないのに対して，レジストレーション誤差評価法は多数の個眼の利用を前提としている．必要な個眼ユニット数が少なければ，そのスロットを他の情報取得に利用できるため，複数機能を集積することが可能になる．

しかしながら，物体距離をさらに伸ばす，あるいは距離分解能をさらに高め

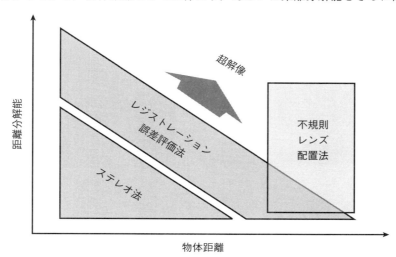

図 7.8　レジストレーション誤差評価法による再構成画像

るためには別の手法が必要となる．これらについては，8章で述べる不規則レンズ配置法や超解像などの手法が検討されている．

7.3　カラー撮像

カラーイメージングは，現在の撮像システムにとって不可欠な要件の一つである．複眼撮像システムを用いると，カラーフィルタを備えないモノクロイメージセンサでもカラー画像を捉えることができる．例えば，個眼ユニットごとに異なる波長フィルタをセットすれば，それぞれの色域に応じたカラー画像を捉えることができる．それにより，カラー画像として広く用いられている RGB 画像の取得だけでなく，より精密な波長情報を取り扱うマルチスペクトル画像を撮像するシステムへの拡張が可能になる．

7.3.1　カラー化方式

TOMBO システムのカラー化には，個眼レンズごとにカラーフィルタを配置する方法と画素ごとにカラーフィルタを配置する方法が考えられている[32]．前者は，モノクロイメージセンサに個眼単位のカラーフィルタを装着するもので，後者は，カラーイメージセンサに複眼光学系を組み合わせるものである．

7.3.2　RGB撮像

RGB 画像は，カラー画像を取り扱う上でもっとも基本的なデータ形式である．TOMBO システムによる RGB 画像取得の場合，図 7.9 に示すように，個眼ごとカラーフィルタ配置と画素ごとカラーフィルタ配置のどちらも利用することができる．これらの配置法では，図 7.10 に示すように，取得される光線が異なるためカラー画像の撮影視野が変化する．

個眼ごとカラーフィルタ配置では，カラーチャンネルを個々の個眼ユニットに割り当てる．波長フィルタが装着されていないモノクロイメージセンサを使用し，用途に応じた分光特性をもつ波長フィルタを選択することもできる．画素ごとカラーフィルタ配置では，赤，緑，青のチャンネルを個々のピクセルに割り当てる．カラーイメージセンサを複眼光学系に組み合わせるだけで構成で

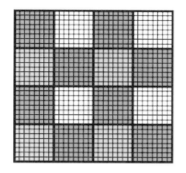
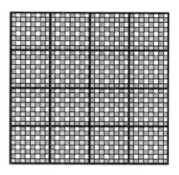

個眼ごとカラーフィルタ配置　　　　　　画素ごとカラーフィルタ配置

図 7.9　RGB 撮像におけるフィルタ配置[32]

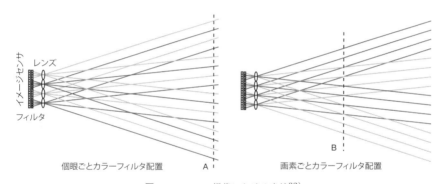

個眼ごとカラーフィルタ配置　　　　　　画素ごとカラーフィルタ配置

図 7.10　RGB 撮像における光線[32]

きる．もちろん，製造過程から特別な波長フィルタをデバイスの画素ごとに組み込むこともできるが，製造コストの点から実用性は乏しい．

　図 7.11 に RGB 画像の撮影例を示す[32]．それぞれでカラー画像が撮影可能な物体距離と視野領域が異なっている点に注意を要する．

7.3.3　マルチスペクトル撮像

　RGB 3 色のカラーフィルタだけでなく，より多くのカラーフィルタを用いることによって色空間を拡張することができる．例えば，ナチュラルビジョンカメラのように 6 色のフィルタを用いたカメラは大きな筐体を必要とする．それ

104   7. 基本的な利用法

対象物体　　　　個眼ごとにカラーフィルタ配置　　画素ごとにカラーフィルタ配置
　　　　　　　　による再構成画像　　　　　　　　による再構成画像

図 7.11　RGB 画像の撮影例[32)]

に対して，複眼撮像システムを用いると，非常にコンパクトに実装することが可能である．複数の個眼ユニットを利用することで，個眼ユニットごとの波長フィルタの組み合わせによりマルチスペクトルイメージングが可能になる．

図 7.12 にその具体的な例を示す[33)]．TOMBO システムでは簡単にマルチスペクトルイメージングシステムをコンパクトに実装することができる．さらに，使用する波長フィルタの交換などにより得られる高いカスタマイズ性も大きな特徴である．

7.3.4　光強度ダイナミックレンジ拡張

個眼ユニットごとに異なるカラーフィルタを挿入するカラー撮像の手法は，光強度ダイナミックレンジの拡張に応用することができる．すなわち，波長フィルタの代わりに透過率の異なる濃度フィルタを装着すればよい．例えば，1, 1/2, 1/4, 1/8, 1/16 のように，べき乗の割合で透過率が減少する濃度フィルタを利用する．信号処理との組み合わせにより，擬似的に画素値のビット数を拡張することができる．

7.4　並列画像計測

複眼光学系は複数の個眼ユニットの集合体であり，それぞれの個眼ユニットごとに異なる撮影条件の物体信号を一括して取得することができる．5.3 節にて述べたように，個眼ユニットの組み合わせにより多様な情報を同時に扱うこ

7.4 並列画像計測

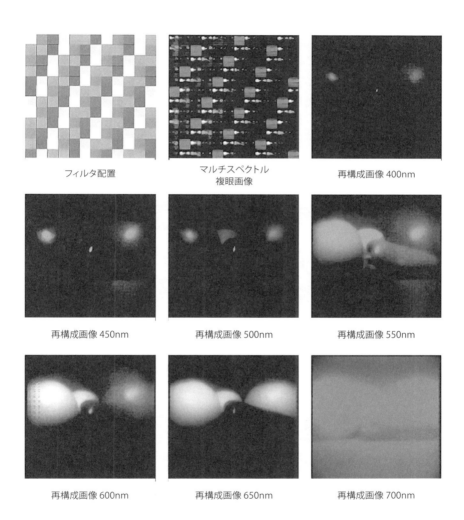

図 7.12 マルチスペクトル画像の撮影例[33]

とが可能になる．さらに，異なる個眼ユニットで撮影した個眼画像に対する演算処理により，被写体に関する情報を抽出したり，撮影条件を拡張したりすることができる．以下では，このような並列画像計測について具体例を紹介する．

7.4.1 偏角画像

複眼光学系に適した応用として偏角画像計測があげられる[34]．偏角画像計測とは，異なる方向から観察した画像により，対象物体の外観や分光特性の変化を取得する技術である．基本的には，均一複眼光学系の前方に計測対象を設置するだけでよいが，偏角範囲を広く取るためには，できるだけ近接して対象物体を置く必要がある．その場合，物体にフォーカスさせるためには，補助レンズを複眼光学系の前方に挿入する構成が有効である．図 7.13 に偏角画像計測用の光学系配置を示す．この光学系は，図 3.13 で紹介したマルチスケールレンズシステムをテレセントリック系に変形させたものとみなせる．

7.4.2 視野拡張

複眼光学系を構成する個眼ユニットごとに異なる視野を割り当てることにより，広い視野の撮像が可能になる．4.3.2項で説明したように，複眼光学系の構成法として，視野重複型と視野分割型がある．曲面に沿って個眼ユニットを配置する視野分割型では，そのまま視野拡張が可能である．一方，平面上に個眼

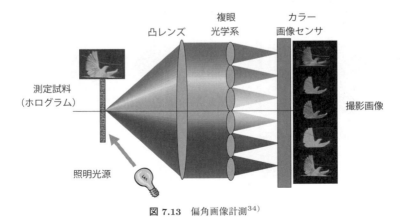

図 7.13 偏角画像計測[34]

7.4 並列画像計測

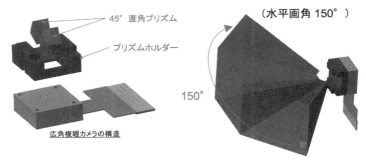

図 7.14 広角複眼カメラ[27]

ユニットを配置する視野重複型では,視野を広げることはできない.しかしこの場合であっても,図 7.14 に示すように,個眼ユニットの前面にプリズムやミラーなどを配置し,光軸を偏向させることにより視野の拡張が実現できる[27].

7.4.3 偏光画像

偏光は,物体の表面形状や物質の特性を知る上で重要な情報を与えてくれる.複眼光学系の個眼ユニットごとに,方位の異なる偏光子フィルタを配置すれば,非常にコンパクトな偏光計測カメラを実装することができる.また,5.2.2 項でも述べたが,図 5.5 に示すように,直交する偏光子を千鳥格子状に配置した偏光フィルタアレイをレンズ面とイメージセンサ面にそれぞれ配置することで,信号分離隔壁なしでも隣接個眼ユニットからの混信を防ぐことができる.これにより,複眼カメラの構造を簡単化することができる.

7.4.4 動き計測

各個眼ユニットで異なる時間の情報を撮像すれば物体の動き検出を行うことが可能になる.ローリングシャッタ方式のイメージセンサでは,同一フレームで上段の画素から下段の画素に向って順次シャッタが切られる.そのため,各画素で取得される信号には時間的なズレが生じ,これを利用することで,フレーム内の上下において異なる時間を計測できる.

図 7.15 に広視野撮像と動き計測を同時に実現した複眼カメラの例を示す[27].ここでは,最上段と最下段の個眼ユニット画像の差分演算により,物体の動き

7. 基本的な利用法

図 7.15 広視野動き計測カメラによる撮像画像[27]

を検出している．動きの情報は矢印として表示されている．

さらに，各個眼の配置を工夫することによってより細かい時間情報を捉えることも可能になる[35]．図 7.16 にその個眼配置の一例を示す．この配置では，1フレームを最大 9 サブフレームに分割した物体情報の撮像が可能である．個眼レンズの周辺収差の観点から，図の配置に対応するようにマイクロレンズごと個眼ユニットをずらして配置することが望ましい．それが難しい場合には，1, 4, 7 番以外のサブフレーム画像に対して，個眼ユニットで捉えられた取得画像を分割して，等価なサブフレーム信号を再構成することも可能である．

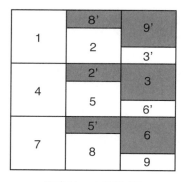

個眼ユニット移動法　　　　サブフレーム再構成法

図 7.16 フレーム内時間分割用個眼ユニット配置

7.5 TOMBO 構成における留意事項

TOMBO システムの能力を最大限に利用する構成のためには，複眼光学系の特性に起因するいくつかの留意事項がある．ここではそれらについてまとめておく．

7.5.1 画素ずれ問題

個眼ユニットごとに光学系の特性を変えて，それらの組み合わせにより物体情報を取得する異種混合個眼ユニットでは，各個眼ユニットの幾何学配置に起因する位置ずれが問題になる．4.1.3 項において説明したように，複眼光学系では物体距離に応じてそれぞれの個眼ユニットが観察する物体位置が変化する．斜め方向に隣接した二つの個眼ユニットに対する最近接距離から無限遠までの視野の変化を図 7.17 に示す．特定の条件では，個眼画像間のシフトが画素ピッチと等しくなるため，読み出しアドレスの調整だけで同一点の情報を得ることができる．しかし，それ以外の物体距離では各個眼が観察する物体位置が異なるため，同一点の観察を前提とするような，カラー撮像，光強度ダイナミックレンジ拡張，偏光画像などでは問題になる．

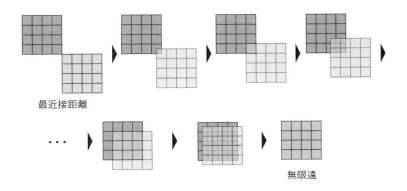

図 **7.17** 物体距離に対する隣接個眼ユニット視野の変化

この問題に対するもっともスマートな解決策は，物体が無限遠にある場合，すべての個眼ユニットが同じ物体を観察するという均一複眼光学系の特性を利用すればよい．すなわち，無限遠，あるいは，無限遠に近似できる条件で物体計測を行えれば，個眼ユニット間の画素ずれを考慮しなくてもよい．

もし，近接物体の計測が必要な場合には，まず物体距離を計測した上で，個眼ユニット間のずれ量を算出する．7.2 節にて説明したが，コンパクトな複眼カメラは近接物体に対して高い精度で距離計測をすることができる．そこで，距離計測用の同一特性の個眼ユニットを最低二つ用意することでこの問題を解決することができる．

7.5.2 光学特性のばらつき

複眼撮像システムの作製には，微小レンズをはじめ，高精度な実装技術が要求される．わずかな製造誤差が大きな影響を及ぼす．製造技術の向上が基本的な解決法であるが，複眼撮像システムの簡便性を考えるとそのためのコストの増加は望ましくない．

幸い複眼撮像システムは，取得画像をそのまま利用するのではなく，個別の個眼画像に分割した上で処理を進める．そこで，図 7.18 に示すように，個眼ご

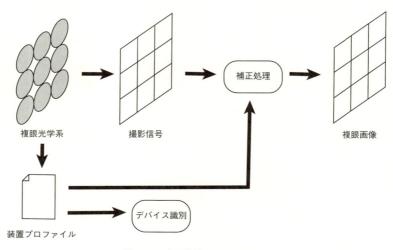

図 **7.18** 光学特性のばらつき補正

との光学特性を装置プロファイルとして前もって記録しておき，取得画像に対する補正処理に利用する方法が考えられる．このプロファイル情報は，デバイス固有の識別子としても利用できるため，撮影画像とデバイスを紐づける役割を果たす．

あるいは別の方策として，機械学習などの情報技術を利用すると，装置特性を含めた演算処理が行える．あらかじめ，テストチャートなど既知の入力画像に対する撮影画像をペアとして学習させることで，装置特性を簡便に補正することが期待される．

8

発展的な利用法

　前章では，複眼光学系がもつ特徴に基づいた，TOMBO システムの基本的な利用法について説明した．本章では，付加的な技術により，TOMBO システムの可能性をさらに引き出す手法について紹介する．既に見てきたように，複眼光学系には固有の特性があるため，効果的に利用するためには何らかの工夫が必要になる．その具体例として，不規則配列法と超解像処理，ライトフィールド撮像，フレキシブル TOMBO を取り上げて説明する．

8.1　不規則配列法

8.1.1　遠距離撮像の課題

　複眼光学系に特有な問題として，撮影する物体距離により結像特性が大きく変化することがあげられる．4.1.3 項で示したように，個眼ユニットが正方格子状に配列された均一複眼光学系では，物体距離に応じてイメージセンサが取得する物体情報が変化する．特定の距離では，すべての個眼ユニットが異なった物体情報を取得するサブ画素サンプリングが実現され，イメージセンサの性能を最大限に活かすことができる．しかしながら，別の距離では，隣り合った個眼ユニットが同じ物体情報を取得する状況が生じ，撮像信号の重複が起きる．その結果，均一複眼光学系ではイメージセンサの撮像性能を十分に活かしきることは難しい．

　このような物体距離による取得情報の変化を把握するために，均一複眼光学系が取得する物体情報の尺度として視野被覆率を定義する．図 8.1 に示すように，ある物体距離において観察可能な視野をイメージセンサの画素区画に対応

8.1 不規則配列法 113

させて分割し，イメージセンサの各画素の中心から個眼レンズの中心を通る主
光線が到達する点をプロットする．それらの点が一つでも存在する画素区画を
観察画素 N_{obs} と定義し，総画素数 N_{all} との比として，物体距離 z における視
野被覆率 $U(z)$ を定義する．すなわち，

$$U(z) = \frac{N_{\mathrm{obs}}}{N_{\mathrm{all}}}. \tag{8.1}$$

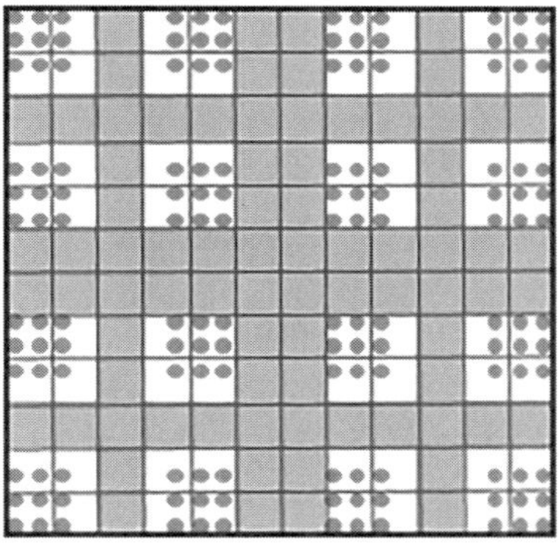

図 8.1　視野被覆率

図 8.2 に 3×3 個眼ユニットの均一複眼光学系による主光線と視野被覆率の
変化を示す．図からわかるように，特定の距離において視野被覆率 100%が得
られる一方で，わずかに距離が変わるだけで，その値は大きく変動する．さら
に，遠方ではすべての個眼ユニットが同じ特定の区画のみを観察していること
がわかる．すなわち，無限遠では均一複眼光学系におけるすべての個眼ユニッ
トはまったく同じ情報しか取得しておらず，イメージセンサの有効画素数は全
画素数を個眼ユニット数で割ったものに等しい．実際，遠方距離では視野被覆
率は $1/9 \approx 13.3\%$ に収束している．

8.1.2　不規則配列の導入

均一複眼光学系における撮像信号重複の問題を解決するために，各個眼ユニッ
トの光学特性を意図的に不均一にする不規則配列法が考案されている．この手

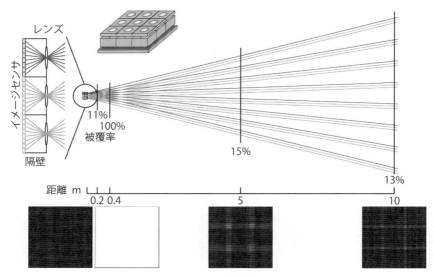

図 8.2 視野被覆率の変化（規則配列）

法では，レンズアレイを構成する個眼レンズの配置やその光学特性にばらつきをもたせる．例えば，各個眼ユニットの光軸を正方格子点から偏心させたり，光軸をわずかに傾けたりする．あるいは，個眼レンズを光軸に沿った方向の位置にずらしてフォーカス距離を変える．

このようにして個眼ユニットの光学特性にばらつきをもたせた 3×3 個眼ユニットの不均一複眼光学系による主光線と視野被覆率の変化を図 8.3 に示す．図 8.2 との比較により，いずれの物体距離でも視野被覆率 100% は得られないが，平均的にほぼ 66% を達成している．特に，遠方距離における視野被覆率が大幅に改善していることがわかる．

8.1.3 不規則配列の最適化

不規則配列の考え方を発展させると，個別の個眼ユニット配列を最適化した最適化不規則配列に基づく複眼光学系を得ることができる．いくつかの方法が考えられるが，ここでは規則的に個眼ユニットを並べたときに光線が重複する距離に注目し，その距離における主光線の分散に基づいた方法を説明する．

8.1 不規則配列法

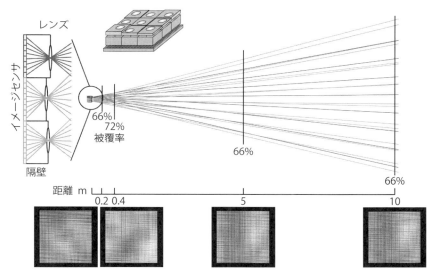

図 8.3 視野被覆率の変化（不規則配列）

図 8.4 に各個眼ユニットに関係する主光線を示す．各主光線は，個眼ユニットの各画素の中心から出て，個眼レンズの中心を通る直線として描かれる．図からわかるように，複数の主光線が重なる状況が複数の距離において生じている．

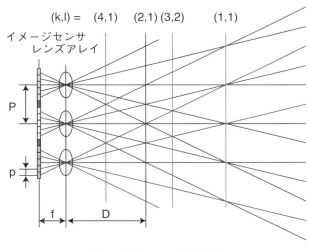

図 8.4 個眼ユニットの主光線

主光線が重複する距離 D を数式で表現すると，

$$\frac{1}{D} = \frac{k}{\ell}\frac{p}{fP} \quad (k = 0, 1, \cdots, \nu-1; \ell = 1, 2, \cdots, M-1) \tag{8.2}$$

ここで，イメージセンサの画素ピッチ p，レンズアレイ間隔 P，レンズ焦点距離 f である．距離 D はレンズからの距離，レンズとイメージセンサの間隔はレンズ焦点距離 f に設定している．ユニット画素数 ν，ユニット数 M である．

距離 D の最大値は $k = 0$ で無限遠に対応し，最小値は $(k, \ell) = (\nu-1, 1)$ で隣接する個眼ユニットの最外縁にある画素どうしが重なる場合である．式 (8.2) で与えられる D においては，すべての個眼ユニットで取得される物体情報は著しく減少する．そこで，これらの条件に当てはまる距離を選択し，その距離において光線が重ならないように個眼ユニットに不規則性を与える．

具体的には，目的関数 $O(\boldsymbol{r})$ を設定して，目的関数の最小化問題に帰着させる．すなわち，

$$O(\boldsymbol{r}) = \sum_{z \in \boldsymbol{D}} [U(\boldsymbol{r}, z) + \alpha \cdot V(\boldsymbol{r}, z)] \tag{8.3}$$

$$\boldsymbol{r}_{\text{opt}} = \underset{\boldsymbol{r}}{\text{argmin}}\, O(\boldsymbol{r}) \tag{8.4}$$

ここで，$U(\boldsymbol{r}, z)$ と $V(\boldsymbol{r}, z)$ は，レンズ配置などの設定 $\boldsymbol{r}$，距離 z の条件における視野被覆率と視野重複率を表す．$\boldsymbol{D}$ は注目する距離の集合で，$\boldsymbol{r}_{\text{opt}}$ が最適化配置を示す．視野重複率 V は，全個眼ユニットの総視野面積に対する全個眼ユニットの共通視野面積の比率として定義され，個眼ユニットの視野が分散することを防ぐために導入されている．α は二つの条件の重みを調整するパラメータである．

8.1.4 複眼配列による特性比較

図 8.5 に規則配列，不規則配列，最適化不規則配列に対する距離と視野重複率の関係を示す．図からわかるように，規則配列に対して不規則配列がより高い視野被覆率を示し，さらに最適化不規則配列によって，遠方の物体に対しても 80%以上の視野被覆率を達成できている．それぞれの複眼配列によって得られた複数画像から，レジストレーションにより物体像の再構成を行った結果を図 8.6 に示す．

8.1 不規則配列法

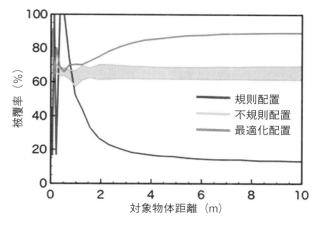

図 8.5　各複眼配列における距離と視野重複率

さらに，画質の客観的評価尺度の一つであるピーク信号対雑音比（PSNR）による再構成画像の評価結果を図 8.7 に示す．ピーク信号対雑音比は次式で定義される．

$$\mathrm{PSNR} = 20 \log_{10} \left(\frac{\mathrm{MAX}}{\sqrt{\mathrm{MSE}}} \right) \tag{8.5}$$

ここで，MAX は画像の最大画素値，MSE は平均自乗誤差である．これらの結果から明らかなように，均一複眼光学系に不規則配列を導入することで物体距

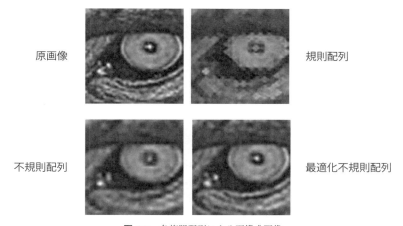

図 8.6　各複眼配列による再構成画像

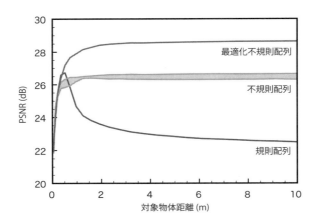

図 8.7 各複眼配列によるピーク信号対雑音比の変化

離依存性を緩和でき，遠方物体に対する撮像性能を向上できる．さらに，最適化不規則配列を求める設計により，撮像性能をより向上させることが可能になる．

8.2 超　解　像

8.2.1 撮像解像度の課題

4.2 節において説明したように，TOMBO 型の均一複眼光学系では個眼ユニット数に関して，その空間周波数特性に起因する制約を受ける．すなわち，正方形開口の受光素子では，個眼ユニット数 M と開口率 α は次式の関係を満たす必要がある．

$$\alpha \leq \frac{4}{M^2} \tag{8.6}$$

式 (8.6) の条件が満たされない場合，物体情報を完全に復元できないことが示されている．

この特性により，個眼ユニット数や各画素の開口比に制約が生じる．例えば，開口率 100% の場合，個眼ユニットは 2×2 に限られる．しかし，対象課題に応じてそのシステム構成を自由に設定できることが，複眼カメラの大きな特徴である．そこで，式 (8.6) が満たされない場合であっても，原情報を復元しうる

8.2 超　解　像　　119

手法が求められる.

8.2.2　超解像処理

低解像画像から高解像画像を生成する技術として，超解像と呼ばれるさまざまなアルゴリズムが提案されている[36].　結像光学系を利用する撮像システムでは，光の回折現象により取得可能な光信号が制限される.　また，イメージセンサの画素ピッチによって，撮像システムの撮像解像度は決定される.

光学的撮像では，回折限界以上の解像度を達成するためには，何らかの物理的な工夫が必要となる.　しかし，複数の異なる撮影条件による撮像画像が利用できる場合や事前の物体情報が仮定できる場合には，信号処理によって高解像画像を推定することができる.　超解像はその考え方に基づいた手法である.

超解像処理は，次式で表される数理最適化問題として定式化される.

$$\boldsymbol{g} = \boldsymbol{W}\boldsymbol{f} + \boldsymbol{n} \tag{8.7}$$

$$\boldsymbol{W} = \boldsymbol{D}\boldsymbol{A}\boldsymbol{H}\boldsymbol{F} \tag{8.8}$$

$$J(\boldsymbol{f}) = ||\boldsymbol{g} - \boldsymbol{W}\boldsymbol{f}||^2 + \lambda\rho(\boldsymbol{f}) \tag{8.9}$$

$$\hat{\boldsymbol{f}} = \underset{\boldsymbol{f}}{\operatorname{argmin}}\, J(\boldsymbol{f}) \tag{8.10}$$

ここで，原画像 $\boldsymbol{f}$，観測画像 $\boldsymbol{g}$，劣化関数 $\boldsymbol{W}$，ノイズ $\boldsymbol{n}$，推定画像 $\hat{\boldsymbol{f}}$，目的関数 $J(\cdot)$，正規化関数 $\rho(\cdot)$，正則化パラメータ λ である.　劣化関数 $\boldsymbol{W}$ は，移動 $\boldsymbol{F}$，カメラぼけ $\boldsymbol{H}$，カラーフィルタ $\boldsymbol{A}$，ダウンサンプリング $\boldsymbol{D}$ など，画像劣化要因が合成されたものとして構成される.　式 (8.9) の第 1 項は観測画像と劣化関数を適用した推定画像との差を評価する.　第 2 項は推定画像自体の適合性を評価する正則化項である.

8.2.3　反復逆投影法

TOMBO 型複眼光学系に適した超解像処理として，反復逆投影法による適用例を紹介する[37].　図 8.8 にその原理を示す.　まず複眼光学系のシステムモデルを用意し，複眼カメラで得られた複眼画像に対する逆投影処理を行い，原画像を推定する.　推定された原画像を複眼光学系のシステムモデルに入力し，複眼

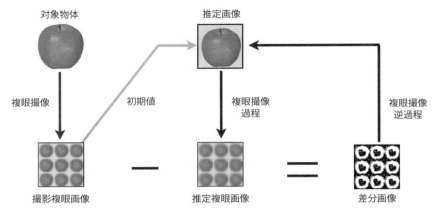

図 8.8 反復逆投影法による超解像処理

画像を生成する．生成された複眼画像と複眼カメラで得られている複眼画像を比較し，その誤差信号を逆投影し，推定原画像を修正する．これらの処理を反復的に実行し，最終的に誤差が許容範囲以下に収まれば，そのときの推定原画像を再構成画像とする．

図 8.9 に反復逆投影法による超解像処理の結果を示す．個眼ユニット数 5×5 の規則配列の均一複眼光学系を想定した複眼画像を生成し，それを観測信号として，レジストレーションにより物体信号を再構成した．図より明らかなように，レジストレーションのみによる再構成画像（従来法）では高周波信号が失われている．それに対して，超解像処理の適用により，高周波信号が回復している様子がわかる．反復回数が増えるほど回復の効果は大きくなるが，雑音成分も増加する点に注意を要する．

8.3 ライトフィールド撮像

8.3.1 ライトフィールドカメラの課題

計算イメージングで用いられる重要な撮像デバイスとしてライトフィールドカメラがある．3.4.1 項で説明したように，光線情報を取得するために，物体の一点から発して，結像点に収束する光線群を再び発散させて撮像する．例えば，結像光学系の結像面にマイクロレンズアレイを配置し，そのわずか後方の

8.3 ライトフィールド撮像

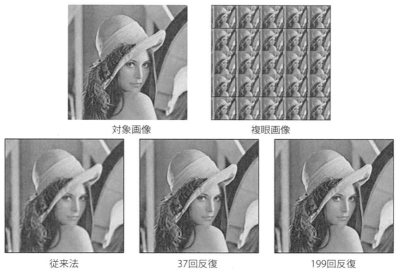

図 8.9 反復逆投影法による超解像処理例

イメージセンサで光信号を検出する．その結果，イメージセンサ上で各サンプリング点に入射する光線情報を得ることができる．

先に紹介したプレノプテックカメラ[18]の問題点として，撮像画素数の少なさがあげられる．結像面に配置したマイクロレンズアレイにより，マイクロレンズの中心点における物体信号をサンプリングし，後方のイメージセンサで光線信号を取得する．この光学系では，各マイクロレンズが1画素に対応するため，その物理サイズによって画素密度が制限される．マイクロレンズの開口による回折効果を考慮すると口径の最小値は $5\mu m$ 程度と考えられ，取得画像高解像化の大きな妨げになる．

この問題を解決するために，図 8.10 に示すように，新しいタイプのライトフィールドカメラとしてプレノプティックカメラ 2.0 が提案されている[38]．プレノプティックカメラ 2.0 では，メインレンズによって結像された空中像をマイクロレンズアレイによって撮像する．空中像の各点の信号を複数のマイクロレンズが取得するため，光線情報を捉えることが可能になる．この光学系では，マイクロレンズアレイのピッチは自由に決めることができるため，マイクロレ

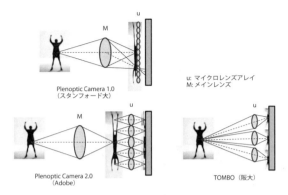

図 8.10 ライトフィールドカメラのバリエーション

ンズアレイ密度によって撮像画素数が制約されることはない．その代わり，各点での光線情報数はマイクロレンズアレイのピッチによって決定される．

この光学系は，3.4.2 項で紹介したマルチスケールレンズシステムと同じ構成といえる．イメージセンサ上では，縮小された被写体の各部分が重複分割されて取得される．物体情報取得の観点では重複像眼と等価な光学系と考えることもできる．

8.3.2 複眼ライトフィールドカメラ

図 8.10 で示されるように，TOMBO システムの光学系はプレノプティックカメラ 2.0 からメインレンズを取り除いたものである．光学系の構成から考えると，プレノプティックカメラ 2.0 ではメインレンズが生成した空中像をマイクロレンズアレイが撮像している．それに対して，TOMBO システムではマイクロレンズアレイが被写体を直接撮像している．

通常のカメラではメインレンズが被写体撮影における画角調整や倍率変換の働きをする．また，瞳面における絞りにより入射光束を制限して，光量調節が行える．メインレンズを排除することは，これらの機能が利用できないことを意味する．すなわち，カメラとしての機能が大幅に制限されてしまう．

一方，メインレンズを取り除くことにより，それを関わるハードウェアを簡素化できるため，非常にコンパクトなライトフィールドカメラを構成できる．倍率調整はマイクロレンズの焦点距離を選択することにより実現できる．7.3.4

項で述べたように，複数の個眼ユニットに透過率の異なる濃度フィルタを配置することで光強度ダイナミックレンジを拡張できる．

絞りの副次的な効果である被写界深度の変化は，ライトフィールにおける光線操作により，演算処理で擬似的に再現できる．さらに，リフォーカスや被写界深度調整などの効果も得られる．一方，絞りはイメージングシステムが捉える光信号を減少させる要因でもある．その点では，複眼撮像システムにおける絞りの排除は必ずしもデメリットではない．

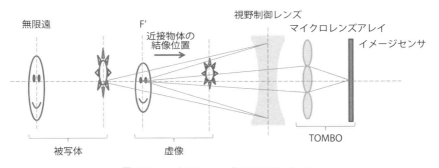

図 8.11　ライトフィールド TOMBO カメラ

さらに，TOMBO システム本来の特徴を損なわず，被写体撮像の自由度を高める方法として，視野制御レンズを導入する構成が考案されている．図 8.11 に示すように，TOMBO システムの前面にレンズを挿入し，そのレンズによる虚像をマイクロレンズアレイによってイメージセンサ上に結像させて撮像する．図では負のパワーをもつ凹レンズの例を示しているが，正パワーであってもよい．

図 8.12 に図 8.11 の光学系による撮影例を示す．視野制御レンズとして，焦点距離 −100mm の凹レンズを挿入している．得られた複眼画像より，広視野撮像が実現されていることが確認できる．このように，自由度はやや欠けるが，複眼撮像システムは簡易型ライトフィールドカメラとしても利用できる．

124   8. 発展的な利用法

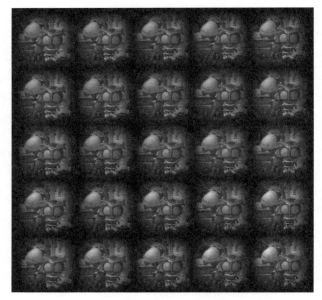

図 8.12　ライトフィールド TOMBO カメラによる撮像例

8.4　フレキシブル TOMBO

8.4.1　撮影視野の制御

　前節では視野制御レンズの導入により，TOMBO システムによる撮影視野を調整できることを示した．現在のカメラは，倍率変化による視野の拡大や縮小が当たり前で，撮影者の意図に応えることができる．正から負に及ぶパワー可変の視野制御レンズを挿入すれば，同様な機能を実現できるが，TOMBO システムの簡便性やコンパクト性は大きく損なわれてしまう．もちろん，画像処理によるデジタルズームの適用は可能であるが，光学系を利用した物理的な解決手法ではなく，物体情報は劣化する．そこで，この問題に対して考案された効果的な手法について紹介する．

8.4.2　フレキシブル基板の導入

複眼撮像システムはシンプルな構成を実現するため，メインレンズや絞りなどの付加機構を排除した．新たな制御機構を付加することはその特徴を大きく損なってしまう．たとえ不十分であっても，シンプルさを保った解決手法が望ましい．この課題を解決する手法として，フレキシブル基板を用いた TOMBO システムが考案されている[39]．

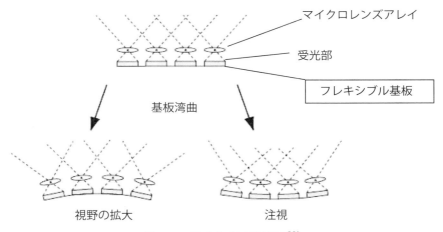

図 8.13　フレキシブル TOMBO[39]

図 8.13 にフレキシブル TOMBO システムの構成を示す．フレキシブル基板上に複数の TOMBO システムを配置し，必要に応じて基板形状を変形させる．基板を凸型に変形させると，それぞれの TOMBO システムは外側を向くことになり，広い視野を得ることができる．基板を凹型に変形させた場合は，各 TOMBO システムが内側を向き，近接距離に置かれた物体情報を詳細に観察することができる．いわばズーム機能を簡単な機構によって実現している．

図のようなシステムの構成では，各 TOMBO のイメージセンサはシリコン材料による通常の集積デバイスを想定しており，その接続部分がヒンジのように折れ曲がるものとしている．有機材料によりフレキシブルなイメージセンサやマイクロレンズアレイが実現できれば，さらに面白い用途が考えられる．

1.3.2 項で述べたように，連立像眼では個眼ユニットの密度が空間分解能を決定し，それは複眼表面の形状となって現れる．フレキシブル TOMBO はその表面形状を変化させることで撮像特性を変化させたものであり，自然界の複眼との関わりを見ることができる．

9

さまざまな応用

　ここまで紹介してきたように，TOMBO システムは多くの特徴をもち，それらを生かしたさまざまな用途に応用することができる．複眼光学系はカスタマイズ可能なパラメータを多数もつため，課題に応じた柔軟な設計自由度を特徴とする．本章では，TOMBO システムによる応用事例を取り上げ，複眼撮像システムの拡張性の高さを紹介する．

9.1　歯　科　計　測

9.1.1　課　　　題

　歯科領域における複眼撮像システムの応用例として，歯と歯肉を対象とした口腔内計測を紹介する．歯周病は，プラーク（歯垢）に含まれる歯周病菌を原因とする疾患で，歯肉の腫れや出血をはじめ，悪化すると歯を失うこともある[40]．初期には自覚症状がないことや，全身疾患のリスクファクターが指摘されるなど，その診断や治療の重要性が増している．

　一般的な歯周病診断では，目視による歯肉状態の観察とともに，歯と歯肉の間にある隙間の深さを穿刺して計測する．これらの方法は診療機関を訪れる患者には大きな問題ではないが，早期診断を目的とする集団検診などではより簡便な方法が望まれる．また，病態変化を記録するためには適切な計測精度が要求されるが，臨床現場での利用を考えると高い可用性も求められる．

　歯や歯肉を画像計測する場合，その特性に起因した固有の問題を考えなければならない．通常，歯と歯肉は唾液で覆われているため強い鏡面反射が生じる．表面を透過した光は内部組織で散乱され，その一部は散乱光として再び表面か

ら戻ってくる．歯と歯肉を同時に撮影するためには広い光強度ダイナミックレンジが必要である．

　ステレオ法をはじめとする距離計測では，複数の視点による撮影画像において，物体表面の目印となる対応点を見つけ，それらの視差情報から各点までの距離を算出する．このとき，撮影画像において対応点を識別する必要があるが，歯や歯肉はそれらに利用可能な微細なパターンに乏しいため，何らかの対応が必要である．これらの要望や固有の問題に応えうる計測装置として，大阪歯科大学との共同研究により，複眼撮像システムを活用した口腔内計測システムが開発されている[41]．

9.1.2　複眼撮像システムの適合性

　7.2 節で述べたように，イメージセンサを領域分割して複眼光学系を構成する TOMBO 型複眼撮像システムは，センサ領域が小さいため，個眼ユニットどうしの間隔を大きくとることができない．そのため，精度良く距離計測を行える範囲は近接領域に限られる．

　一方，TOMBO システムはコンパクトに構成することができるため，取り回しが容易である．近接領域では視野範囲は限られるが，カメラを移動させることでより広い範囲の観察が可能になる．さらに，複数の機能を 1 台の TOMBO システムに集積することができ，形状計測以外の情報を取得することが可能である．この特徴を活かして，安定した撮像条件を得るため，照明光源をカメラと同じ筐体に実装することもできる．

9.1.3　試作システム

　複眼撮像システムの特徴を活かした口腔内計測システムとして，デンタルミラー型 TOMBO が試作されている[42]．図 9.1 に試作システムの構造と概観を示す．先端部に複眼撮像モジュールを装着し，デンタルミラーのように歯や歯肉に沿って口腔内を移動させることで，歯と歯肉の形状を計測する．

　歯肉の形状計測には，図 9.2 に示すアクティブパターン投影法を利用した．複眼カメラの場合，複数の個眼ユニットを用いたステレオ法がもっとも利用しやすい．しかし，歯肉表面での強い鏡面反射や組織内部による散乱，特徴的な表

9.1 歯科計測

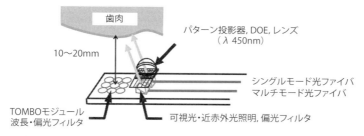

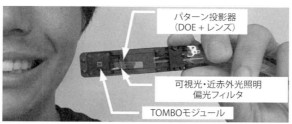

図 9.1 デンタルミラー型複眼口腔内計測システム[42]

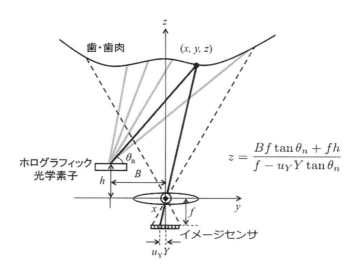

図 9.2 歯・歯肉形状計測の原理[42]

面パターンの乏しさなど理由により，視差情報を得るための対応点識別が難しいことが予想される．そこで，微小なパターン投影器を複眼カメラ近くに設置し，対応点として利用可能なパターンを歯肉上に投射する．物体の表面形状によって変形した投影パターンの撮影画像から各点の座標を求めることができる．投影には歯肉組織への侵入長が 0.2mm 以下である波長 405nm の光を用いた．

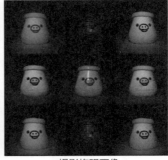

図 9.3　フィルタ構成と撮影画像例

また，深さの異なる歯肉組織を観察するため，白色 LED と異なる 2 波長の近赤外 LED による光がマルチモードファイバーを介して撮像モジュールに導入されている．これらの照明光は，表面反射を除去して組織内部からの散乱光だけを観察できるように，金属グリッドワイヤーによって直線偏光に変換される．さらに，ノイズ成分を除去するため，これらの信号を計測する個眼ユニットにも直線偏光フィルタを装着する．図 9.3 に複眼撮像光学系に装着したフィルタ構成と撮影画像例を示す．

9.1 歯科計測　　　　　　　　　　　　　　　131

図 9.4　歯肉の距離マップと 3 次元再構成

9.1.4　計測結果

図 9.4 に歯科研修用の顎模型を用いた形状計測例を示す．この実験では，複眼撮像システムを固定して，1 枚の画像で観察される範囲の計測を行った．ただし，パターン投影用の 405nm 光が弱かったため，計測に十分なパターン強度を得ることができなかった．そのため，アクティブパターン投影法による距離計測ではなく，2 枚の個眼画像によるステレオマッチング法を用いた．計測精度の点では，基線長を長くとれるアクティブパターン投影法が優れているが，ステレオマッチング法でも良好な結果が得られることを確認できた．

物質の分光反射率に対する多重回帰分析により被写体を構成する成分を推定

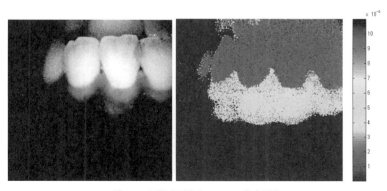

図 9.5　可視光画像とメラニン推定画像

することができる．使用した TOMBO システムは限られた波長チャンネルのみを取得するため，それらの計測信号から分光反射率を求めた[43]．それらの手順により，組織推定を行った結果を図 9.5 に示す．ここでは，歯肉に含まれるメラニン色素の含有量を推定している．定量性についてはさらなる評価が必要であるが，TOMBO システムによる簡便な検査装置の可能性が示されている．

9.2 立体内視鏡

9.2.1 課題

内視鏡は，体内の観察のみならず，さまざまな処置や治療にも利用されている．そして，適用範囲の広がりとともに，高性能化・高機能化が求められている．例えば，内視鏡手術やロボット外科手術において，不適切な操作による血管や腸管の損傷などの事故例が報告されている．このような事故を防ぐための解決策として，奥行方向の深さや幅など 3 次元情報を取得可能な立体内視鏡の開発が求められている．また，取り回しのしやすさや被験者の負荷を軽減するために，光学ヘッドの小口径化や筐体のコンパクト化なども求められる．

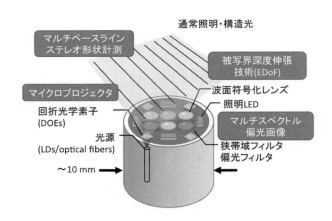

図 9.6　TOMBO システムによる機能集積化立体内視鏡

9.2.2 複眼撮像システムの適合性

立体内視鏡に求められる要件は複眼撮像システムの特性に適合したものであり，TOMBOシステムの有効な応用先として期待される．7.2節で述べたように，小型の複眼撮像システムによる形状計測では，計測対象が近接領域にあることが望ましいが，内視鏡の利用環境はその条件に合致する．また，TOMBOシステムの特徴である機能集積化により内視鏡の高機能化が可能になる．その考えに基づいた機能集積化立体内視鏡の一例を図9.6に示す．

9.2.3 試作システム1

TOMBOシステムによる硬性内視鏡のプロトタイプを図9.7に示す[44]．個眼ユニット数3×3で，照明光源と鉗子穴がレンズアレイの周囲に配置されている．レンズの焦点距離1.5mm，口径1mm，視野角36°，イメージセンサの画素サイズ$2.5\mu m$，個眼あたり画素数415×415，内視鏡部の筐体サイズは，直径20mm，長さ180mmである．RGBの狭帯域透過フィルタと通常RGB撮像を各個眼ユニットに割り当てた．図9.8に撮影画像例と個眼ユニットの割り当てを示す．動物の内臓を用いた模擬計測において，対象領域を4.2 ± 0.2mm×2.9 ± 0.3mmの計測精度が得られている．

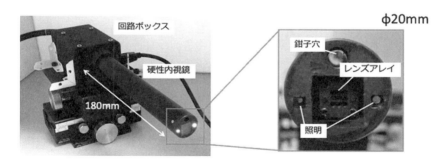

図9.7 内視鏡TOMBOの試作例[44]

9.2.4 試作システム2

別のタイプのTOMBO内視鏡システムと撮影画像例を図9.9と図9.10に示

9. さまざまな応用

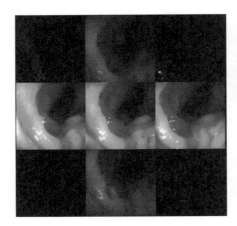

図 9.8 内視鏡 TOMBO による撮像例 1[44]

図 9.9 内視鏡 TOMBO の試作例 2

す[45]．こちらの内視鏡システムでは，被写界深度を伸長するため，合焦距離付近で距離不変な球面収差を意図的に残留させたレンズが装着されている．被写界深度を伸長させるため球面収差を補正する画像処理が必要になるが，簡易的な処理として鮮鋭化処理で代用されている．

一般に，被写界深度拡張技術では，フォーカス範囲を広げることができるが，物体の距離情報は失われる．それに対して，複眼光学系と被写界深度拡張技術の組み合わせは，距離情報を保ちつつフォーカス範囲を伸長できる利点をもつ．

9.3 ドローン応用計測 135

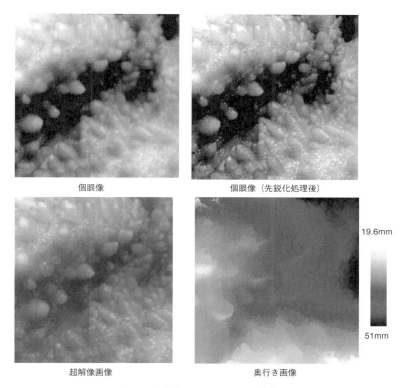

図 9.10 内視鏡 TOMBO による撮像例 2

なお,被写界深度拡張については,10.1.3 項で詳しく述べる.

9.3 ドローン応用計測

9.3.1 課　　題

　ドローンとして知られる無人航空機(UAV: Unmanned Aerial Vehicle)は急速に発達し,様々な分野に応用されている.特に,計測装置の搭載により,上空から特定領域のモニタリングを簡便に行うことができる.衛星写真や航空写真に比べて,きめ細かなセンシングを可能にする技術として,環境モニタリング,農業,林業,インフラ構造物検査などへの応用が進められている[46].

　ドローン利用において考慮すべき指標がペイロードと呼ばれる運搬能力で,い

わゆる積載可能重量をさす．小型ドローンは手軽に利用できる反面，ペイロードが小さいため，大型計測装置を載せることはできない．積載重量が大きくなるほど，ドローンの飛行可能時間は短くなるため，計測範囲は限定される．

一方，計測装置自体が軽量であれば，より小型のドローンに搭載することができ，利用する場面を拡大することができる．他の計測装置と一緒に搭載することも可能になり，より効率的な作業が期待される．

ドローン活用技術として，複数の波長チャンネルを同時に観察するマルチスペクトルカメラが普及している．しかし，複数台のカメラを使用したり，波長フィルタを切り替えたりして多波長計測を実現するため，装置が大型化し，大きなペイロードを必要とする．これらの装置は精密な計測には有用であるが，小型ドローンが有する簡便や機動性が失われてしまう．そこで，このような技術の隙間を埋める新たな計測手法が求められている．

9.3.2 複眼撮像システムの適合性

ドローン応用計測における新たな手法として，複眼カメラは極めて有効な解を与える．複数機能をコンパクトに集積できる複眼カメラは，ドローンの限られたペイロードを有効活用できる．7.3.3 項において述べたように，TOMBO型複眼カメラでは，個眼ユニットごとに異なる波長フィルタを割り当てることで，マルチスペクトル撮像を簡単に実現できる．個眼ユニット単位で波長フィルタを装着すればよいため，波長レンジの変更が容易であり，光強度ダイナミックレンジ拡張や偏光計測などとの組み合わせも自由である．

一方，複眼光学系の特性として，各個眼ユニットが観察する物体領域は距離に応じて変化する．そのため，同一地点における複数波長チャンネルの同時観察を前提とするマルチスペクトル撮像では各個眼画像の位置ずれが問題になる．しかし，上空より地表を観察する一般的なドローン計測の場合，被写体までの距離は非常に長く，イメージセンサを分割して構成する複眼光学系ではほぼ無限遠に等しいと考えて差し支えない．この場合，すべての個眼ユニットが同一点を観察することとなり，位置ずれを考慮する必要がなくなる．

9.3.3 試作システム

これまでに試作したTOMBOシステムはすべて屋内で使用されるもので,パーソナルコンピュータに接続して制御していた.そこで,ドローンに搭載するため,小型コンピュータRaspberry Piを制御装置とする可搬型TOMBOカメラを作製した[47].Raspberry Piは英国ラズベリーパイ財団により開発されているシングルボードコンピュータで,本来の教育目的を超えて,IoTデバイスや機器制御などさまざまな用途に利用されている.試作システムにはRaspberry Pi 3 Model Bを用いた.

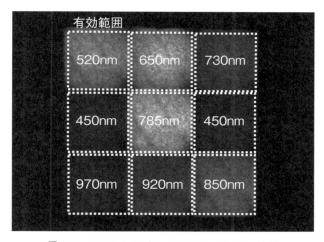

図9.11 マルチスペクトルTOMBOのフィルタ配置

同TOMBOシステムでは,図9.11に示すように,3×3の個眼ユニットをマルチスペクトル撮像用に設定した.波長フィルタの透過中心波長は,450nm,520nm,650nm,730nm,785nm,850nm,920nm,970nmで,450nmのみステレオ距離計測が可能なように二つの個眼ユニットに装着した.これらの波長バンドは計測対象に応じて変更することができる.

(株)エアロジーラボの協力により,試作した複眼カメラをドローンに搭載し,空撮実験を実施した.図9.12に使用したドローンと試作システム装着の様子を示している.小型化・軽量化を優先するため,複眼カメラ装着にはジンバ

図 9.12　マルチスペクトルカメラ搭載ドローン

ルを使用せず，ゴムを用いた装着機構を用意した．Raspberry Pi を含む撮像システムの駆動電力はドローンのバッテリーから供給した．

植物の育成状況を評価する尺度として，正規化植生指標（NDVI: Normalized Difference Vegetation Index）がある．NDVI は，植物の量や活力を表す指標で，次式によって計算される．

$$NDVI = \frac{IR - R}{IR + R} \tag{9.1}$$

ここで，可視域赤の反射率 R，近赤外域の反射率 IR である．NDVI は $-1 \sim 1$ の値をとり，雲や水で 0 以下，岩や砂・雪などで覆われた不毛地帯で 0.1 以下，低木や草原 0.2〜0.3，温帯林や熱帯雨林 0.6〜0.8 などの値を示す．

試作システムでは，650nm の波長フィルタが長波長透過型，850nm, 920nm, 970nm の波長フィルタがバンドパス型であったため，それぞれの透過率を考慮して，可視域赤バンド信号は 650nm チャンネル画像から 850nm と 970nm チャンネル画像を減算して求めた．近赤外域バンド信号には 920nm チャンネル画像をそのまま用いた．これらの操作に基づいて得られた NDVI 画像を図 9.13 に示す．同実験では各波長チャンネルの感度校正は省略したため，植物・非植物の分類にとどまっている．

現在，PiTOMBO を用いた精密農業応用の実用化に向けた作業が進められており，社会実装されつつある．

9.3 ドローン応用計測

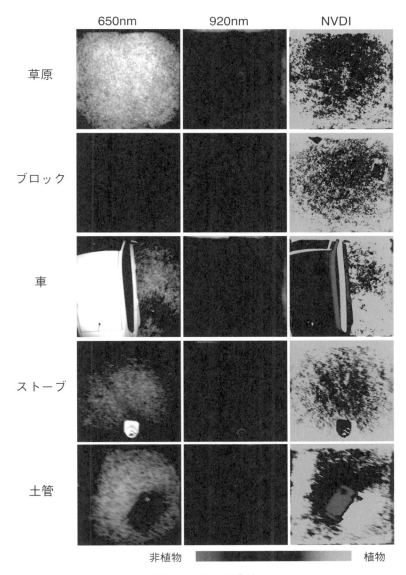

図 9.13 NDVI 画像例

9.4 バイオメトリクス認証

9.4.1 課　　題

情報システムにおいて本人認証技術は重要である．高い信頼性と可用性を両立させる必要があり，さまざまな手法が提案されている[48]．その中で顔や指紋など本人固有の生体情報を利用するバイオメトリクス認証は多くの情報システムで利用されている．ただし，それぞれのバイオメトリクスに適した特別なデバイスを用意する必要がある．顔情報は通常のカメラによる撮影で捉えることができるものの，識別性能を高めるため赤外光パターン投射による3次元形状計測などと併用されることも多い．

9.4.2 複眼撮像システムの適合性

複眼撮像システムは複数の機能を集積することができる．例えば，通常の撮影を行う個眼ユニットに加え，ステレオ距離計測用に別の個眼ユニットを組み合わせれば，顔認証と3次元形状計測を同時に実行するデバイスを実現できる．さらに，複眼光学系の光学特性が物体距離によって変化する特性を利用したマルチモーダル認証技術が提案されている[49]．これらの機能は複眼撮像システムとしてコンパクトに実装することが可能であり，高機能携帯型端末での利用が期待される．

9.4.3 TOMBO システムによる接写撮影

個眼ユニットの結像距離を近接領域に調整することにより，TOMBO システムによる接写撮影が可能になる．この撮影モードを応用することにより，図 9.14 に示すように，指紋入力装置として利用することができる．この場合，再構成画像を得るためには，各個眼画像を倒立させ，それらの画像を連結する．

このシステムの面白いところは，同じ複眼撮像システムで接写画像と通常画像を撮影できる点にある．すなわち，接写画像として指紋を取得するとともに，顔画像を通常画像として撮影することができる．図 9.15 に同じ TOMBO システムによる指紋画像と顔画像の撮影例を示す．TOMBO システムと指紋は

9.4 バイオメトリクス認証

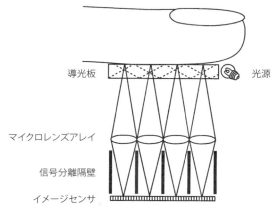

図 9.14 TOMBO による指紋撮影

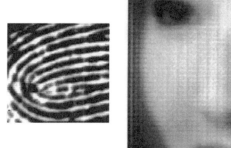
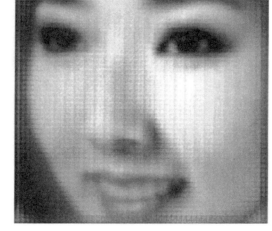

図 9.15 TOMBO カメラによる指紋画像と顔画像撮影

8mm，顔は 325mm，それぞれ離れた位置で撮影した．さらに，3 次元形状計測により指や手の動きをジェスチャー動画として取得することも可能であり，複数種類のバイオメトリクスを組み合わせた認証デバイスとして利用できる．

9.5 文 書 鑑 定

9.5.1 課　　題

光学可変デバイス（OVD: Optically Variable Device）と呼ばれる光学素子がある[50]．観察条件や照明条件によって色や概観が大きく変化する素子である．微細構造による回折現象を利用したエンボスホログラムなどで，印刷とエンボス加工の組み合わせにより作製される．その他，カラーシフトインキ，パールインキなどによる印刷技術も用いられる．複製困難な特徴をもつことから，偽造防止を目的として，クレジットカードや紙幣，有価証券類の多くに貼り付けられている．

OVD の偏角特性は，セキュリティ文書の認証や法医学の一分野である文書鑑定において重要になる．偽造文書の鑑定作業には，観察条件や照明条件を変えて，OVD から得られる画像の変化を調べる必要がある．また，精密な鑑定には，撮影画像の画素数と観察条件数はともに多いほどよい．

9.5.2 複眼撮像システムの適合性

複眼撮像システムによる偏角画像計測は，文書鑑定作業の効率化をもたらす．7.4.1 項で紹介したように，均一複眼光学系の利用により複数の条件による偏角画像計測を一括して行うことができる．ただし，偏角範囲を広げるためには，TOMBO システムの前方に補助レンズを設置する必要がある．また，TOMBO システムでは 1 枚のイメージセンサを複数の個眼ユニットに分割するため，撮影画像数と観察条件数の間にはトレードオフの関係がある．そのため，使用するイメージセンサの画素数に応じた個眼ユニット数の選択が重要になる．

9.5.3 偏角撮像システム

図 9.16 に OVD の一種であるエンボスホログラムに対する偏角画像の撮像

9.5 文書鑑定

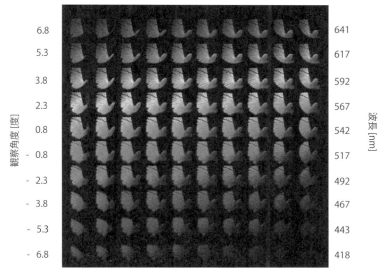

図 9.16 エンボスホログラムの偏角画像撮像例[34]

例を示す[34]．計測には 6.1.3 項で紹介したカラー CCD 評価システムの前面に凸レンズを配置した図 7.13 の光学系を用いた．主なシステム仕様は，個眼モジュール数 10×10，レンズ焦点距離 1.3mm，レンズ口径 $500\mu m$，個眼画素数 160×160 である．

エンボスホログラムは，フィルム上に画像データに基づく微細な凹凸を加工した OVD で，見る角度によって色が変化する．低コストで量産でき，偽造が困難なため高いセキュリティ機能をもっている．試料に対して異なる方向から観察した画像を取得し，それぞれの波長の変化から，ホログラム上のグレーティング間隔を計測できる．これより，ホログラムが貼り付けられている文書類の鑑定が可能になる．

9.5.4 ハンドヘルド型偏角撮像システム

前項の偏角画像撮像システムの原理に基づいた OVD の偏角画像検査に最適化されたハンドヘルド型複眼撮像装置が開発されている[51]．図 9.17 に装置の概観と光学系を示す．小型，軽量化を達成するため，撮像素子には 1/4" CMOS

144   9. さまざまな応用

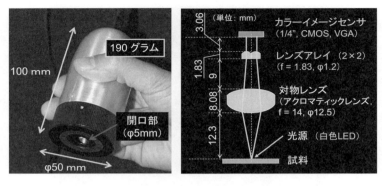

図 9.17　ハンドヘルド型 OVD 偏角撮像システム[51]

カラーイメージセンサ（VGA, 24bit, Bitmap, 最大 60fps）を用い，複眼光学系は個眼モジュール数 2×2，個眼あたりのイメージセンサ領域 $\phi 1.2$mm とした．その結果，被写体の有効撮像領域は $\phi 5$mm，約 1000dpi 相当の撮像解像度が得られている．

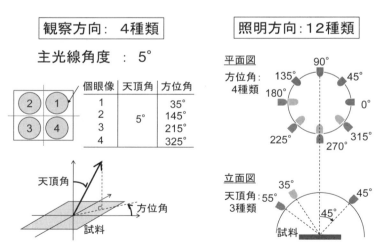

図 9.18　計測ジオメトリ[51]

同システムの最大の特徴は，図 9.18 に示すように，2×2 個眼ユニットに対して，12 種類の照明方向との組み合わせにより，48 種類の異なる条件の偏角画

9.6 3次元画像インターフェース　　　　　　　　　　　　　　　145

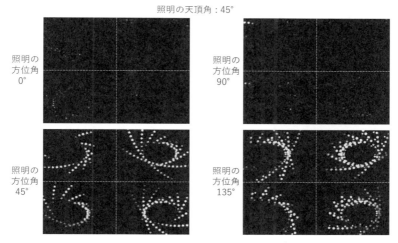

図 9.19　エンボスホログラムの撮影例[51]

像を撮像できることである．すべての条件に対する計測に 12 ショット必要であるが，照明光源の白色 LED の切り替えだけで行えるため，操作に支障なく，効率的な撮像が可能である．図 9.19 にエンボスホログラムの撮像例を示す．

本システムでの多段階露光により，詳細な文書鑑定が可能であることが示されている．さらに，個眼ユニット 3×3 の複眼カメラに対して，新たに設計した同軸落射照明モジュールを取り付けた改良システムも提案されている[52]．

9.6　3次元画像インターフェース

9.6.1　インテグラルフォトグラフィ

複眼光学系を利用した立体表示技術としてインテグラルフォトグラフィが知られている[53]．Lippmann によって提案された手法で，図 9.20 に示すように，レンズアレイで物体の複眼画像を撮影し，同じレンズアレイでその複眼画像を表示することにより，物体の空中像を再生する技術である．

物体像は各レンズにより縮小画像として結像される．その縮小画像を一旦記録した後，ディスプレイデバイス上に表示すると，各画素を発した光線はそれぞれのレンズを通過したのち，元の物体があった場所に収束して，空中像を形

146 9. さまざまな応用

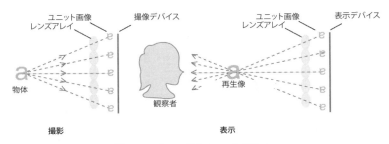

図 9.20 インテグラルフォトグラフィ

成する．各光線が眼に入るように正面から観察すると，空中に浮かぶ物体像を知覚することができる．

9.6.2　3次元画像インターフェースの実装

インテグラルフォトグラフィ技術と複眼撮像システムの組み合わせによる非接触インタフェース技術が提案されている[54]．図 9.21 に概念図を示す．インテグラルフォトグラフィ技術により3次元立体像を表示し，それに対するポインティングなどのアクションを複眼撮像システムで取得する．そのアクションに従って，表示情報を更新して，インタラクティブなインタフェースを完成させる．

この技術を実装するためには受光素子と表示素子が一体化された新たな撮像・表示デバイスの開発が必要になる．例えば，図 9.22 に示すように，個眼ユニットごとに画像取得領域と表示領域を設けた構造が考えられる．あるいは画素ご

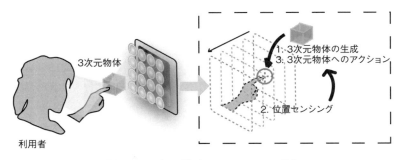

図 9.21　3次元画像インターフェースの概念

9.6 3次元画像インターフェース　　　　　　　　　　　　　　　147

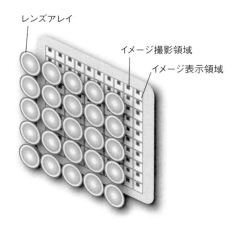

図 9.22　3次元画像インターフェース用デバイス

とに受光素子と表示素子を設けることもできる．いずれも，立体ディスプレイと非接触センサを組み合わせる構成に比べてコンパクトに実装することができる．

　非接触インタフェースはコロナ禍により一気に有用な技術として認識されたが，そのような需要は提案当時はまったく予想されていなかった．生物のみならず，技術にとっても利用される周辺環境が重要であることを知らされた事例である．

10

情報科学・数理科学による拡張

　情報技術において，数理科学が果たす役割は非常に大きい．信号理論をはじめ，各種の数理科学的手法により，理論的な裏付けをもった上で，さまざまな情報処理を効率的に実装することが可能になる．情報科学と数理科学分野において，多くの有用な手法が提案されているが，ここでは複眼撮像システムの機能を大きく拡張する手法や概念を取り上げ，それらの概要と応用について紹介する．

10.1　計算イメージング

10.1.1　イメージングの進化

　光学と計算科学の融合による新しいイメージング技術として，計算イメージング，あるいはコンピューテーショナルイメージングと呼ばれる手法が注目されている[19]．従来の考え方では，物体情報の形成は光学系，光信号から電気信号への変換は電子系，というように役割分担されていた．計算イメージングは，それらをイメージング処理として総合的に考え，全体での最適化を図ろうとするものである．

　従来の一般的なイメージングでは，図 10.1 に示すように，物体情報は光学系によって撮像素子上に結像され，演算系の処理を介して撮像画像が出力される．物体に忠実な撮像画像を得るために，物体環境，光学系，撮像素子，演算系というブロックごとに課題が検討されてきた．物体環境では，安定した撮像を行うため，照明光の検討，物体運動の把握などが必要になる．光学系では，優れた結像性能を得るため，収差補正，光量効率，スケーリングなどが考慮される．

10.1 計算イメージング

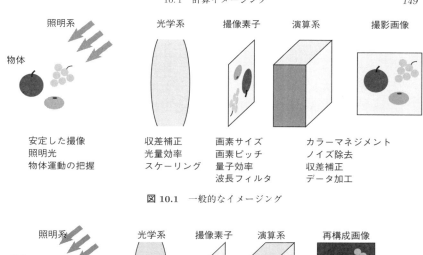

図 10.1 一般的なイメージング

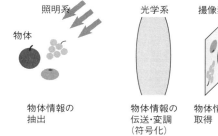
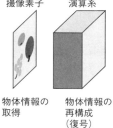
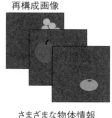

図 10.2 計算イメージング

撮像素子では，画素サイズ，画素ピッチ，量子効率（感度），波長フィルタなどが撮像特性を決定する．演算系は，カラーマネジメント，ノイズ除去など，撮像素子とのインターフェースに加え，光学系での残留収差の補正やエンタテイメント目的のデータ加工などに用いられる．これらの技術を改良することでイメージング性能の向上が図られる．

それに対して計算イメージングでは，図 10.2 に示すように，光学系と演算系を一体化したシステムとして考え，高機能・高性能なイメージングを実現する．対象とする物体情報を抽出して取得し，演算処理により再構成することで適切な出力を得る．この処理システムは，物体の情報に対する光学的（物理的）符号化と演算処理（アルゴリズム）による復号を組み合わせたものと見なせる．光学分野で培われた信号計測・処理技術の適用により，さまざまな光学的符号化の形態が考えられ，復号演算との組み合わせにより，大きな自由度が得られる．

10.1.2 ライトフィールドイメージング

計算イメージングの分野では，従来のイメージングでは実現できなかった高機能なイメージング手法が提案されている．一例として，ライトフィールドイメージングがあげられる．あらかじめ 1 ショット撮影したライトフィールド画像に対して，2.3.3 項で説明した光線操作の適用により，フォーカス距離の変更などを実現する．

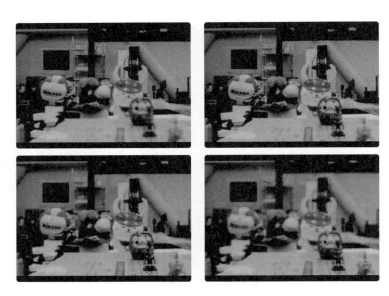

図 10.3 ライトフィールドカメラによるリフォーカス

図 10.3 に，ライトフィールドを利用した撮影画像のリフォーカスの実行例を示す．リフォーカスに必要な操作は，図 2.13 に示した光線-空間ダイアグラムにより説明される．物体像を観察する場合，ある座標 x における信号は，光線方向 u には関係なく，その点に入射するすべての光線の総和になる．そこで，対象とする観測面での光線-空間ダイアグラムにおいて，すべてのプロット点を x 軸に投影することで強度分布 $I(x)$ が得られる．また，ある地点での光線情報がわかれば，その前後の空間における光線は一意に決定できる．その結果，ある観測面における光線情報の取得により，任意の観測面での物体像を再構成す

ることができる.

　ライトフィールドイメージングにより，1枚のライトフィールド画像から，リフォーカス以外にも被写界深度の制御や視点移動などの画像生成が行える. ただし，それらの画像はライトフィールドに含まれる光線情報から生成されるため，元々の光線情報に含まれない空間情報の復元はできない. リフォーカスなどの可変範囲を広げるためには，より多く，より広い角度範囲の光線情報を取得しなければならない.

　8.3節で述べたように，複眼撮像システムはコンパクトなライトフィールドカメラとして利用することができる. プレノプテックカメラがもつメインレンズをもたないため，画角調整や倍率変化，光量調節などカメラとしての機能が制約される. その反面，メインレンズの画角によって制限される光線情報の取得範囲を広げることができる. さらに，携帯性に優れ，簡便にライトフィールドを取得できるため，ライトフィールド撮像の適用範囲を広げる上で有用な撮像システムである.

10.1.3　PSF 制御イメージング

　別のアプローチによる計算イメージングとして，撮像光学系の点像分布関数（PSF）制御を利用する手法がある. Dowsky による被写界深度拡張法として提案された手法で，図 10.4 に示すように，位相変調素子を撮像光学系に挿入したり，色収差を利用したりして，フォーカス距離付近で一様にボケた画像を生成する[55]. その上で，3.3.4 項で説明したデコンボリューションによる画像修正を適用する. その結果，ボケた画像を原画像に復元するとともに，被写界深度の拡張，すなわち，フォーカス距離の範囲を広げることができる.

　本手法では，撮像光学系の点像分布関数（PSF）制御が計算イメージングにおける光学的符号化に相当し，3 次位相変調素子，球面収差，色収差などの利用が提案されている. このような点像分布関数の制御技術は PSF エンジニアリングと呼ばれる. それぞれの点像分布関数は既知であるため，それを修正するためのインバースフィルタ，あるいは，Wiener フィルタを容易に設計することができる. これらのフィルタによるデコンボリューションが計算イメージングにおける復号演算に対応する.

152   10. 情報科学・数理科学による拡張

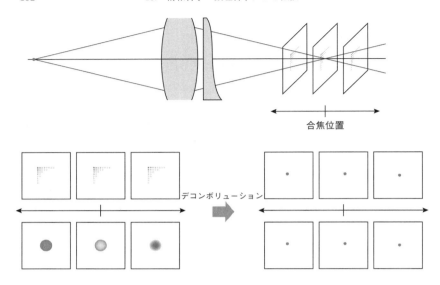

図 10.4 PSF エンジニアリングによる被写界深度拡張

　PSF エンジニアリングの一手法として，図 10.5 に示す，フォーカススイープと呼ばれる手法がある．フォーカススイープでは，イメージング系による撮像過程において，フォーカス点を奥行方向や面内方向で走査し，観測信号を重畳する．通常，フォーカス距離のずれや視野の周辺収差は一様でないため，それらを原因とする画像劣化の修正は難しい．フォーカス点の走査（フォーカススイープ）と重畳（積算）操作は，これらの信号劣化をフォーカス距離や視野内の位置によらずに近似的に一様化させる効果をもつ．大きな収差をもつ撮像光学系であっても，点物体に対して得られた物体信号を実効的な点像分布関数とすることで，デコンボリューションによる復号演算を適用できる．

　図 10.6 にフォーカススイープ（光学的符号化）による重畳画像と，デコンボリューション（復号演算）による再構成画像例を示す[56]．原画像では手前に置かれたサイコロのボケや両端部分の収差が見られるが，それらが取り除かれている．

　フォーカススイープの問題点は異なる撮影条件によって多数回の撮影が必要

10.1 計算イメージング

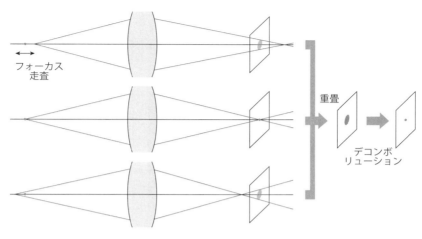

図 10.5 フォーカススイープ

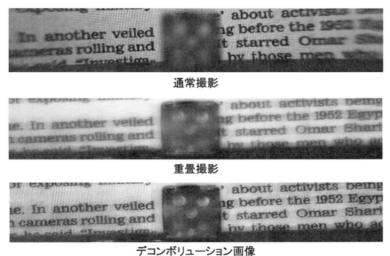

図 10.6 フォーカススイープによる撮像画像例[56]

になることである．そこで，重複像眼を用いた複眼光学系による実装が提案されている[57]．図 10.7 に提案光学系を示す．この光学系では屈折率分布型レンズによる個眼レンズが球面上に配置されている．その結果，異なる物体距離の

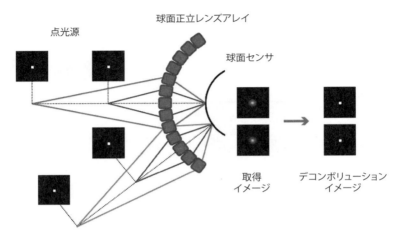

図 10.7　重複像眼によるフォーカススイープ光学系[57]

像,すなわち光軸方向にフォーカススイープされた物体像が重畳された画像を撮像面で得ることができる.重複像眼を活かした複眼撮像システムとしても興味深い手法である.

10.1.4　計算イメージングの動向と複眼撮像システム

計算イメージングは,エンタテイメント的な応用に限らず,生体細胞や大気など散乱媒質を通したイメージングなど,従来技術では実現できなかった課題への適用が進められている.特に,マルチコア・メニーコア化やグラフィック処理専用プロセッサの普及など,コンピュータの高性能化が進んでいる.それに伴い,イメージング処理の性能は飛躍的に向上しており,計算イメージングは実用技術として広く利用されている.さらに,機械学習を活用した手法も活発に研究されている[58].

そのような技術トレンドにおいて,複眼撮像システムは計算イメージングを効率的に実行するプラットフォームとしての役割が期待されている[59].例えば,同種均一個眼ユニットで構成される複眼撮像システムでは,個眼ユニットの空間的配置に伴う視点のずれが光学的符号化に相当する.そして,取得された個

眼画像の差分信号から被写体の視差量を抽出し，被写体距離を算出する処理が復号演算に対応する．

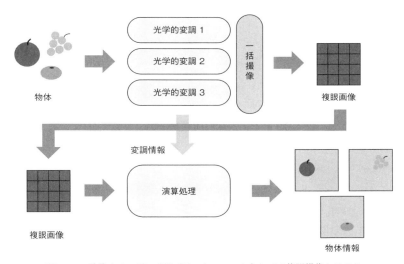

図 10.8 計算イメージング用プラットフォームとしての複眼撮像システム

一方，異種混合個眼ユニットにより構成される複眼撮像システムの場合，より自由に光学的符号化を実行することができる．図 10.8 に，計算イメージング用プラットフォームとして，一般化された複眼撮像システムの利用形態を示す．各個眼ユニットは，それぞれ異なる光学的変調（光学的符号化）を行うように設定され，それらを一括して複眼画像として撮影する．得られた複眼画像に対して，光学的符号化に対応した復号演算を実行し，対象とする物体情報を抽出して再構成する．光学的符号化と復号演算の組み合わせの多様性により，高機能・高性能なイメージングを効率的に実現することができる．

10.2 圧縮イメージング

10.2.1 圧縮センシング

圧縮センシングは，近年の信号理論における重要な成果の一つである．これ

は，観測対象データがある表現空間においてスパース（疎）であると仮定して，必要とされる未知数の数よりも少ない観測データから，その対象情報を復元する手法である[60]．

具体的な問題として，2.4.1項で説明した線形イメージングモデルを考える．

$$\boldsymbol{g} = \boldsymbol{H}\boldsymbol{f} \tag{10.1}$$

このモデルでは，物体情報 $\boldsymbol{f} \in \mathbb{R}^N$ がシステム行列 $\boldsymbol{H} \in \mathbb{R}^{M \times N}$ により変調されて，観測信号 $\boldsymbol{g} \in \mathbb{R}^M$ として取得される．イメージングは，観測信号 $\boldsymbol{g}$ より物体情報 $\boldsymbol{f}$ を推定する逆問題として定式化される．

このとき，M が観測信号数，N が物体情報数に対応し，これらの関係により逆問題の解法が変わる．

1) $M = N$ の場合，観測信号から物体情報を一意に決定できる．ただし，観測誤差の影響を大きく受けるため，解の信頼性は低い．

2) $M > N$ の場合，最小二乗法により多数の観測信号からもっともらしい物体情報を得る．観測誤差の影響を抑えることができ，解の信頼性は高い．

3) $M < N$ の場合，一般には物体情報を求めることは困難である．何らかの制約条件を付加することで推定値を求める．

圧縮センシングは，3) の場合において，物体情報の性質によって観測信号からもっともらしい推定値を高い確率で得る手法である．すなわち，物体情報が $k < M$ を満たす k-スパースベクトルであれば，それを推定することが可能である．ここで，k-スパースベクトルとは非ゼロ要素数がたかだか k 個のベクトルのことをさす．このとき，ゼロ要素の位置が既知であれば，未知数を減らすことができ，2) の場合に帰着できる．

しかし，たとえゼロ要素の位置が未知であっても，物体情報を高い精度で推定することが可能である．この場合，次式で示すように，正則化項としてスパース拘束条件を付加する．

$$\hat{\boldsymbol{f}} = \underset{\boldsymbol{f}}{\mathrm{argmin}} \, ||\boldsymbol{g} - \boldsymbol{H}\boldsymbol{f}||_2^2 + \lambda ||\boldsymbol{f}||_p \tag{10.2}$$

$$||\boldsymbol{f}||_p = \left(\sum_{i=1}^n |f_i|^p \right)^{\frac{1}{p}} \tag{10.3}$$

$0 \leq p \leq 1$ を考えることが多く,とりわけ計算が容易な L1 ノルム（$p = 1$）が利用される.具体的な推定可能な条件など,詳細な理論は他書を参照してもらいたい[61].

10.2.2　圧縮イメージング

理論的な準備をした上で,再びイメージングモデルを考える.一般に撮像される物体情報はスパースとは限らない.しかしながら,適切な基底変換によりスパースな信号にすることが可能である.例えば,離散コサイン変換やウェーブレット変換により,スパースな変換係数ベクトルを得ることができる.

$$\begin{aligned} g &= Hf \\ &= HPb \\ &= Tb \end{aligned} \tag{10.4}$$

ここで,基底行列 $P \in \mathbb{R}^{N \times N}$,変換係数 $b \in \mathbb{R}^N$,新たなシステム行列 $T \in \mathbb{R}^{M \times N}$ である.

この操作により,観測信号 g と新たなシステム行列 T からスパースな変換係数 b を推定する圧縮センシングに帰着できる.ただし,式 (10.2) の第 1 項では基底変換を行う必要がないため,次式で定式化される.

$$\hat{f} = \underset{f}{\operatorname{argmin}} ||g - Hf||_2^2 + \lambda ||b||_1 \tag{10.5}$$

これらを総合すると,新たなイメージング技術を実現することが可能になる.

そこでイメージングモデルの拡張を考える.まず,計測対象とする被写体の属性（波長,奥行,視野など）ごとに独立した物体情報 f_k $(k = 0, \cdots, K-1)$ を設定する.各物体情報 f_k は,個別のシステム応答 H_k をもち,別々の観測信号 g_k に変換される.すなわち,

$$g_k = H_k f_k \qquad (k = 0, \cdots, K-1) \tag{10.6}$$

この式は,すべての信号やシステム応答を物体情報 f,システム行列 H,観測信号 g として統合することができる.その結果,拡張したイメージングであっても,式 (10.1) で示されるイメージングモデルとして統一的に扱うことが

できる.

物体情報 f の定式化の後,観測信号 g が効率的に得られるようにシステム応答 H を設定する.システム応答 H は,自ら設定するので設計自由度があり,かつ,既知であるため逆問題の解法を簡単化できる.この手続きは,計算イメージングにおける物体情報の光学的符号化に相当する.

得られた観測信号 g に対して,物体情報 f から導かれるスパース性を仮定し,それを拘束条件とした圧縮センシングを適用する.その結果,観測信号数に比べて,より多くの物体情報を推定できる.この手続きが,符号化信号に対する復号演算に対応する.

表 10.1 圧縮イメージングの拡張例

$g = Hf$			
次元拡張 f	波長 λ	奥行 z	視野 FOV
信号符号化 H	シアリング	ウェイティング	光波伝播
スパース拘束 b	離散コサイン変換	ウェーブレット変換	トータルバリエーション
撮像形態 g	並列撮像	重畳撮像	逐次撮像

以上の手続きは,光学的符号化と復号演算の組み合わせの多様性と相まって,さまざまな物体情報の取得に適用することができ,非常に強力なイメージングの枠組となる.この枠組を圧縮イメージングと呼ぶ.表 10.1 に圧縮イメージングの拡張例を示す.圧縮センシングの要であるスパース拘束には,離散コサイン変換,ウェーブレット変換,トータルバリエーションなどが用いられる.

10.2.3 複眼撮像システムによる実装

先に述べたように,複眼撮像システムは計算イメージング用プラットフォームとして有効活用できる.その場合,異種混合個眼ユニットを用いて,圧縮イメージングに適した光学的符号化を実装する.図 10.9 にその光学的符号化として利用可能な光学処理例を示す.

ある変数 z に対する物体情報 $f(z)$ を取得したい場合,z によって観測信号が変化する光学処理を導入する[62].シアリングは横ずらし処理,ウェイティングは重みづけ処理で,それぞれ変数 z に対して異なった出力応答 $g_0(z), g_1(z), \ldots$ を持つことが重要である.

10.2 圧縮イメージング　　　　159

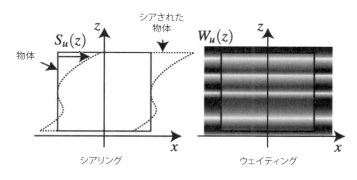

図 10.9　光学的符号化の一例[62]

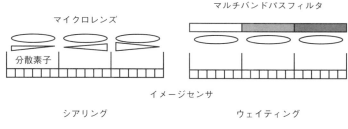

図 10.10　光学的符号化の個眼ユニットへの実装

そして，図 10.10 に示すように，対象物体を複数の個眼ユニットで一度に撮影した複眼画像を入力信号とする．個眼ユニットごとに異なる特性のシアリングとウェイティングを設定することで，複数の光学的符号化に対する多様な応答信号 $g_0(z), g_1(z), \ldots$ を取得できる．取得信号は圧縮イメージングの手続きに従って復号演算され，目的とする物体情報 $f(z)$ が再構成される．

10.2.4　重畳イメージング

圧縮イメージングの一例として，図 10.11 に重畳イメージングによる視野拡張を示す[63]．ここでは，三つの視野を一つのカメラで重畳撮影し，撮影後にそれらを分離して広視野撮像を実現する．各視野に対して異なるシアリングによる光学的符号化が適用されている．取得された複眼画像に対して演算処理を行い，取得した情報を再構成する．このとき光学的変調の種類やパラメータは既

10. 情報科学・数理科学による拡張

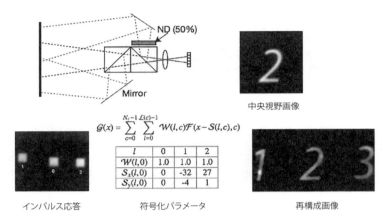

図 10.11　重畳イメージングによる視野拡張[63]

知なので，その情報に基づいて復号処理を行う．再構成画像として，各視野が分離された広視野画像が得られている．

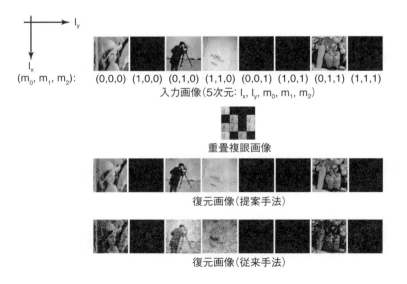

図 10.12　重畳イメージングによる多次元情報取得[62]

さらに一般化された重畳イメージングの撮像例を図 10.12 に示す[62]．この例では，仮想的な 5 次元情報を設定し，個眼ユニット数 4 × 4 の複眼撮像システムで得られた光学的符号化信号から 5 次元情報を復元している．光学的符号化にはシアリングとウェイティングの両方を組み合わせ，それぞれ個眼ユニットによって実行する．図に示されるように，原画像を良好に再構成することができている．この手法により，限られた信号帯域の撮像システムであっても，より大きな情報量の物体情報を取得することが可能になる．

10.3　機械学習イメージング

10.3.1　機械学習

現在，注目され，活用が進められている情報技術として AI（人工知能）技術があげられる[64]．AI 技術はさまざまな技術や手法の総称であり，そのカバーする範囲は多岐にわたる．その中でも多くの科学技術分野で有用な手法として機械学習がある．機械学習とは，多数の事例データ（学習データ）からその問題に内在する性質や特性を抽出（学習）し，未知のデータに対する出力や応答を推定する技術である．機械学習は，教師あり学習，教師なし学習，強化学習など学習データの形式や学習アルゴリズムの違いにより多数の方式に分類される．

機械学習では，サポートベクトルマシンなど実績のある成果が蓄積されているが，生物における神経回路網を模倣したニューラルネットワークは適用範囲の広さから多くの研究がなされている．とりわけ，数百層にも及ぶ多数の層構造をもったニューラルネットワークを利用する深層学習は，人間以上の識別能力を達成しており，ChatGPT などの言語生成 AI モデルは大きな技術革新をもたらしている[65]．これらの関係を図 10.13 にまとめる．

ニューラルネットワークはバイオミメティクスのもっとも成功した実例としてあげられる．本書のテーマである複眼撮像システムは生物の視覚器官にヒントを得たものであり，ニューラルネットワークとは，生物における視覚系と処理系という関係にある．この点に着目すると，複眼撮像システムとニューラルネットワークの統合により，生物の視覚情報系に匹敵する高度な撮像処理システムへの展開が考えられる．

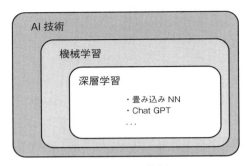

図 10.13 AI 技術

10.3.2 ニューラルネットワーク

機械学習におけるニューラルネットワークは，任意の入力信号に対して所望の出力信号を生成する万能な関数合成器としての役割をもつ．すなわち，ニューラルネットワークは次式を満たす関数 $\mathcal{F}$ としてモデル化される．

$$\boldsymbol{y} = \mathcal{F}(\boldsymbol{x}) \tag{10.7}$$

ここで，変数 $\boldsymbol{x}$ は説明変数，$\boldsymbol{y}$ は目的変数などと呼ばれる．$\mathcal{F}$ が関数であることを意識すれば，独立変数 $\boldsymbol{x}$，従属変数 $\boldsymbol{y}$ といえる．

教師あり学習では，入力信号と出力信号の組 $(\boldsymbol{x}_0, \boldsymbol{y}_0), \cdots, (\boldsymbol{x}_{n-1}, \boldsymbol{y}_{n-1})$ をデータセットとして多数用意し，それらを訓練データとして利用する．訓練データにおける入力信号を入力として得られる出力信号 $F(\boldsymbol{x}_k)$ と訓練データの出力信号 $\boldsymbol{y}_k$ との誤差ができるだけ小さくなるように関数 F を設定する．この過程は学習と呼ばれる．その上で，未知の入力信号 $\boldsymbol{x}$（テストデータ）に対する出力信号 $\boldsymbol{y}$ を推測する．

さまざまな形式のニューラルネットワークが考案されている．その中でも基本になるものが順伝播型ネットワークである．図 10.14 に示すように，ニューロンをモデルとした処理ノードを接続し，ネットワーク上での信号処理により計算タスクを実現する．各処理ノードは他の処理ノードから入力信号を受け取り，応答関数に従って後続の処理ノードに出力信号を送信する．

例えば，処理ノード i が処理ノード j $(j = 1, \ldots, N)$ からシグナルを受信すると，処理ノード i では次の演算が行われる．

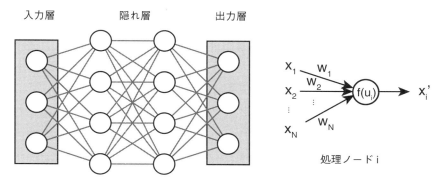

図 10.14 順伝播型ニューラルネットワーク

$$u_i = \sum_{j=1}^{N} w_{i,j} x_j \tag{10.8}$$

$$x'_i = f(u_i) \tag{10.9}$$

ここで，u_i は処理ノード i の内部状態信号，$w_{i,j}$ は処理ノード j から処理ノード i への接続重み，$f(\cdot)$ は応答関数で，x'_i は処理ノード i の出力信号である．すべての処理ノードは同じ処理を実行し，ネットワーク全体で実現される処理は，処理ノードの接続トポロジー，リンクの接続重み，応答関数によって決まる．

非常に多数の層をもつように順伝播型ネットワークを拡張したものが深層ニューラルネットワークであり，それを用いた機械学習が深層学習である．深層学習の最大の特徴は，多数のデータセットによる学習だけで問題構造を表現しうる任意の関数を構成できる点にある．すなわち，対象課題に関する入力と出力の大量のデータ（ビッグデータ）を用意すれば，未知の入力に対する出力を推定・予測する万能処理装置を構築できる．このような方法論はデータ駆動型処理と呼ばれる．これにより，分類，回帰，クラスタリング，次元圧縮などの処理が実現され，画像処理，自然言語処理，機械翻訳などに応用されている．

10.3.3 機械学習イメージング

深層学習の有用性が認められたのは，画像認識の分野においてである．深層ニューラルネットワークの適用により，人間に並び，それを超えるような認識能力が達成されたことにより一気に応用範囲が広がり，現在の AI 技術ブーム

の発端になった．その中でも，畳み込みニューラルネットワーク（CNN: convolutional neural network）は，画像分類をはじめとする画像を入力信号とする問題に適用可能なネットワークモデルである[65]．

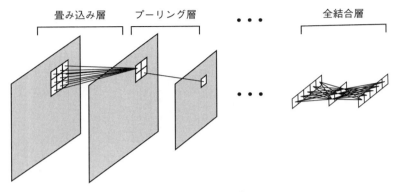

図 10.15 畳み込みニューラルネットワーク

図 10.15 に畳み込みニューラルネットワークの構造を示す．構造的には，畳み込み演算を行う畳み込み層とプーリング演算を行うプーリング層によって構成される．畳み込み演算は局所的なパターンの検出，プーリング演算は信号集約とダウンサンプリングを実行する．このような構造は，神経科学における生物の脳の視覚野に関する知見に由来している．

深層ニューラルネットワークでは，各種層の組み合わせによって多様な構造をもつネットワークが提案され，さまざまな問題に適用されている．その中で優れた性能を示すネットワークが広まり，それらが改良されて技術が進展している．したがって，短期的にはどのネットワーク構造がよいかという判断は非常に難しい．AI 技術の進展は非常に早いため，一般的な光学技術者はトレンドを注視しながら，実績のある手法を導入することが合理的であると思われる．

図 10.16 に教師あり学習に基づく機械学習イメージングの概念を示す．学習フェーズでは，入力画像と出力画像が組となった訓練データを多数用意し，入力画像に対して対応する出力画像が得られるようにニューラルネットワークの特性を調整する．これは，各ノード間の結合重みの更新によって実行され，式 (10.7) における関数 $\mathcal{F}$ を設定する過程に相当する．

10.3 機械学習イメージング

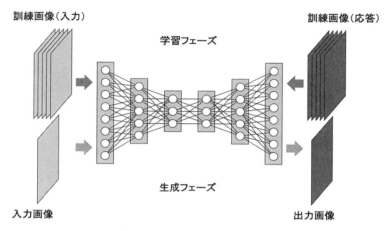

図 10.16　機械学習イメージング

　生成フェーズでは，訓練データには含まれていない未知の画像を入力し，それに対する出力画像を得る．学習過程では，汎化と呼ばれる特性により，訓練データで提示された入力画像と出力画像の関係が自動的に抽出され，その関係に従った推定画像が出力される．

　この枠組では，適切な訓練データを用意することと，課題に適合したニューラルネットワーク構造を選択することが重要である．その観点より，さまざまなネットワークが提案され，それらの能力が比較されている．一般的に，構造が複雑なネットワークほど複雑な入出力関係を表現できるが，その学習には多数の訓練データと膨大な計算コストが必要になる．

　深層ニューラルネットワークなど複雑なネットワークでは多数の内部パラメータを決定するため，非常に多くの訓練データを用意しなければならない．従来の単純なネットワークモデルに基づく機械学習では少数の訓練データで十分であったが，問題の適合化やデータの前処理などを行う必要があった．それに対して，深層ニューラルネットワークを用いる深層学習では，そのような手続きなしに，ただ多数の訓練データを与えるだけでよい．このようなデータ駆動型処理が現在の技術トレンドとして確立され，少数のデータを変形して実質的な訓練データ数を増やすデータ拡張などの支援技術が開発されている．

10.3.4 複眼画像再構成

バイオミメティクスの観点から,複眼撮像システムとニューラルネットワークの統合により,生物の視覚情報系に相当する撮像処理システムの実現が期待される.その一つの試みとして,深層ニューラルネットワークを用いて,均一複眼光学系で得られた複眼画像から広視野画像の再構成処理を試みた[66].

画像データベースから得た画像に対して,光学シミュレーションソフト Code V を用いて複眼画像を生成し,それらを組とした訓練データセットを用意した.設定した TOMBO システムは,個眼ユニット数 3×3,レンズ焦点距離 1.5mm,レンズ口径 2mm,個眼ユニット間隔 9mm とした.衣料画像を集めた Fashion MNIST[67] からの原画像を物体距離 30mm に置いたものとして,その複眼画像を生成した.このシステムでは複眼画像から広視野画像を再構成する処理を学習させるため,複眼画像を入力データ,原画像を出力データとして構成される 50,000 組の訓練データセットを作成した.図 10.17 にデータセットの一例を示す.

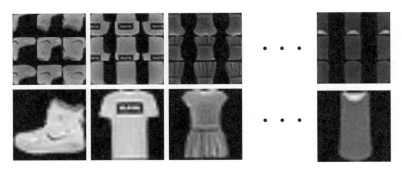

図 10.17 学習用データセット

ネットワークモデルには,再構成処理の特性を考慮して,畳み込みオートエンコーダ(CAE: Convolutional Autoencoder)と UNet を用いた.これらは画像セグメンテーションに使用されており,複眼画像の位置情報と原画像の対応点の学習に有効であると考えた.比較のため,畳み込み層のみを用いる畳み込みニューラルネットワーク(CNN)も用いた.これらのネットワーク構造を図 10.18 に示す.50,000 組の訓練データによりそれぞれのネットワークモデル

10.3 機械学習イメージング

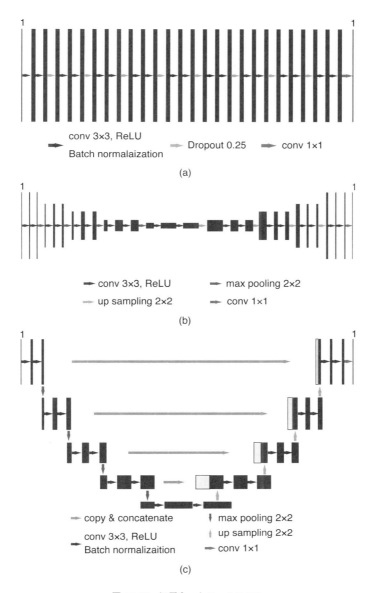

図 10.18 深層ネットワークモデル
(a) 畳み込みニューラルネットワーク，(b) 畳み込みオートエンコーダ，(c) UNet.

を学習させた．各モデルのパラメータ数は，CAE 1,772,385，UNet 2,165,265，CNN 159,873 であった．

学習されたネットワークに対して 10,000 枚のテスト画像による評価を行った．再構成結果を図 10.19 に示す．テストデータ全体の平均 PSNR は，CAE 39.9dB，UNet 38.8dB，CNN 16.9dB であった．CNN はテクスチャが薄い一様な物体の再構成は行えるものの，テクスチャがはっきりした物体の再構成はできていない．それに対して，CAE と UNetw ではともに良好な結果が得られており，複眼画像再構成における機械学習イメージングの有効性を確認することができた．

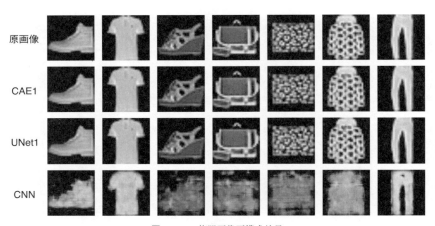

図 10.19　複眼画像再構成結果

10.4　光学系の仮想化

10.4.1　ライトフィールドイメージング

物体からの光線情報に基づいたライトフィールドにより，自由空間に存在する物体情報を記述することができる．これは，イメージングに関わる光学現象すべてをコンピュータ上で再現できることを意味し，ライトフィールドイメージングと呼ばれる．コンピュータグラフィックスでは当たり前の技術であり，

10.4 光学系の仮想化　　　　　　　　　　　　　　　　　　　　　169

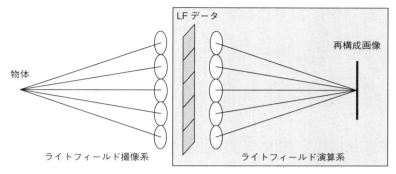

図 10.20　ライトフィールドイメージングシステム

コンピューテーショナルフォトグラフィが発展したきっかけになった．図 10.20 にライトフィールドイメージングに基づく撮像システムの概念図を示す．

　この考えをさらに発展させると，光学系による処理そのものを仮想化して，コンピュータ上での処理に置き換えることが考えられる．もしそれが実現されれば，光学素子の組み合わせによるかさばる光学系は不要になる．もはやイメージングとコンピュータグラフィックスの区別が無意味になってしまう．そして，光学系は実世界とサイバー空間を接続するインタフェース機能のためだけに利用されることになる．

　もちろん複雑な物体からは複雑な光線信号が出てくるため，ライトフィールドは複雑なものになり，それらを処理するためには，それに見合った計算パワーが必要になる．グラフィック専用プロセッサ（GPU）の演算能力の劇的な向上はそれを支える技術基盤となる．光線処理は単純な計算であり，処理できる光線数の拡張がイメージング性能に直結する．ライトフィールドイメージングでは，技術的課題が明確であるため，効率的なシステム開発が期待される．

10.4.2　位相変調ライトフィールドイメージング

　ライトフィールドイメージングの具体的応用として，位相変調ライトフィールドイメージングが提案されている[68]．図 10.21 に示すように，ライトフィールドイメージングシステムにおける仮想光学系に位相変調を導入することで仮想イメージを取得し，その仮想イメージに対して復号演算を適用する．具体的

170　　　10. 情報科学・数理科学による拡張

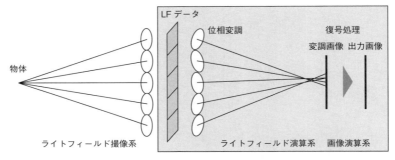

図 10.21　位相変調ライトフィールドイメージングシステム

には，仮想光学系をレンズアレイの集合体とみなし，それぞれの仮想レンズの光軸を傾けることで光線に対する効果を得る．この手続きは，任意形状の屈折面をもった光学材料素子の挿入と等価な働きをし，レンズや 3 次位相変調素子などによる光線操作を仮想光学系上で実現する．

　光線は波としての位相をもたないが，空気中からガラスなど屈折率の異なる媒質の境界面に光線が入射すると伝播速度の変化に伴って屈折する．これは光線として近似した光波の媒質内での位相速度が異なることに起因する光学現象であり，光線に対する位相変調は光線の進行方向の変化として現れる．その結果，提案手法では，コヒーレント光など位相が整った特殊な光源を仮定することなく，一般の照明光を用いたイメージングに適用することができる．

　10.1.3 項にて紹介した Dowsky による被写界深度拡張法では，3 次位相変調素子を光学系に挿入することでフォーカス距離付近で距離不変な点像分布関数を得ている．その 3 次位相変調素子の光線に対する働きと同じ効果を仮想光学系により再現した．光線情報の取得は均一複眼光学系により取得する．取得された個眼画像ごとに仮想レンズの光軸を傾けることで位相変調を実現した．

　図 10.22 に実験光学系による位相変調ライトフィールドイメージングの実験例を示す[68]．物体距離が異なるように傾けた被写体に対して，CCD カメラを平行移動させて 35 視点から撮影し，均一複眼撮像系と同等な撮影画像を取得した．個々の撮影画像（個眼画像）は低解像画像であるが，視点の異なる個眼画像から高解像画像を再構成した．さらに，得られた光線情報に対して位相変調処理を加えた個眼画像を生成し，それらによって高解像画像の被写界深度拡

10.5 ブロックチェーンとの連携

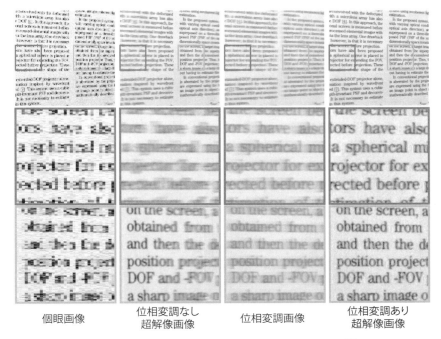

　　個眼画像　　　位相変調なし　　　位相変調画像　　　位相変調あり
　　　　　　　　超解像画像　　　　　　　　　　　　　超解像画像

図 10.22 位相変調ライトフィールドイメージングの実験例[68]

張が実現されている．

10.5 ブロックチェーンとの連携

10.5.1 ブロックチェーン

　ブロックチェーンは，不特定多数の参加者によって維持される分散型共有台帳である．誰もが参加でき，参加者全員の合意のもとにデータが蓄積されていく．不特定多数の参加者で運用されるため，特定の誰かが内容を改竄することは困難であり，トラストレスな情報分散共有システムが実現できると期待されている[69]．

　図 10.23 にブロックチェーンによる情報分散共有の概念を示す．ブロックと呼ばれるデータ単位をチェーン上につないでいくことにより，容易にデータ改竄が行えない仕組みになっている．不特定多数の参加者による合意形成アルゴ

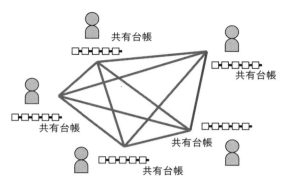

図 10.23 ブロックチェーンによる情報分散共有

リズムが考えられており，システムへの貢献に対するインセンティブと妨害に対するペナルティの仕組みが取り入れられている．ブロックチェーンの応用としては仮想通貨が知られているが，それに限られるものではない．これまでにない課題への適用が進められている大きな可能性をもった情報技術である．

10.5.2 スマートコントラクト

スマートコントラクトは，広義には情報技術によるコントラクト（契約）の最適化と説明される．しかし，ブロックチェーン技術においては，イーサリアムと呼ばれるアプリケーションプラットホーム上で動作するプログラムをさす．イーサリアムは，ブロックチェーン技術により，永続的かつ自律的に動作し続けるコンピュータを実現する情報プラットフォームである[70]．特定の企業や団体が管理するサーバに依存せずに，非集権的な分散アプリケーション（DApp）を動かすことができる．図 10.24 に，スマートコントラクトによる人文情報活用システムへの応用例を示す[71]．これは，人文学分野における多様かつ膨大な資料を，永続的かつ非集権的に有効活用するためのシステム提案である．

スマートコントラクトでは，仮想通貨のようにブロックチェーン上で自由に発行・流通させる資産を取り扱うことができる．一方，希少性の高いアイテムなどの特定資産の取り扱いに対して，イーサリアムでは NFT（non-fungible token；代替不可能トークン）が規格として定義されている．NFT の利用により，スマートコントラクトにおいて特定資産の記録・移転が可能になる．これらの技

10.5 ブロックチェーンとの連携   173

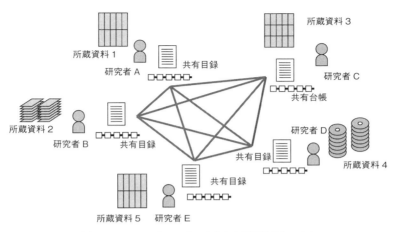

図 10.24 スマートコントラクト人文情報活用システム

術によりブロックチェーンは広範な用途への応用が期待されている．

10.5.3 時空間認証カメラ

ブロックチェーンやスマートコントラクトはサイバー空間上で機能する情報共有システムである．そのため，現実世界のさまざまな事象や事物を取り扱うためには，なんらかの手段により，現実世界とサイバー空間を接続しなければならない．そのような役割を果たす機構はオラクルと呼ばれている．オラクルに対してブロックチェーン技術の特徴を損なわない分散実装が検討されている．

現実世界とサイバー空間の接続という観点では，撮像システムはまさにそのインターフェースとしての機能を担っている．ただし，デジタル情報として記録された画像情報はどのような形にでも変形できる．実際，撮影画像の見栄えを良くしたり，芸術性の観点からの画像修正は日常茶飯事に行われている．さらに，現実とは異なるフェイク画像も簡単に生成できる．この問題に対して複眼撮像システムの特徴を活かした原本性保証撮影技術が検討されている．

図 10.25 にブロックチェーン技術を活用した時空間認証カメラの概念図を示す．基本的なアイデアは，複眼撮像システムがもつ複数の個眼ユニットを用いて，できるだけ多くの被写体情報を一括取得し，同時にブロックチェーンに登録するというものである．取得する情報としては，被写体の3次元形状，分光

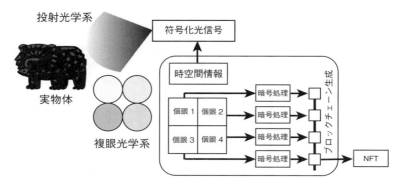

図 10.25 時空間認証カメラ

情報，偏光情報，さらに，撮影場所や時刻を符号化光信号として撮影物体に重ねて記録する．スマートコントラクトを含めたシステム構築が必要になるが，複眼撮像システムがもつ特徴を有効活用した応用としての発展が期待される．

11

さらなる発展に向けて

　本書のまとめとして，複眼撮像システムを考える上でこれまでに整理しきれなかった項目について説明する．いずれも複眼光学系という特殊な光学系を活用した撮像システムを理解し，発展させる上での普遍的かつ重要な課題である．それぞれの課題について，複眼的と称される多方面からの視点に基づいた考察を行う．

11.1　個眼ユニット数

　複眼撮像システムにおけるもっとも本質的かつ重要な問題は，個眼ユニット数に関するものである．自然界の連立像眼では，個眼数が多くなるほど，解像点数が増加する．限られた体積に個眼を収めるため，球面状に個眼ユニットが配置され，正面から後方に及ぶ広い視野角が実現されている．それに対して，同種均一個眼ユニットによって構成される複眼撮像システムの場合，平面イメージセンサ上にマイクロレンズアレイを設置して撮像領域を分割するため，個眼ユニット数にはさまざまな要因が絡んでくる．例えば，

- イメージセンサの画素数・画素ピッチ（＋）
- マイクロレンズの仕様・結像性能（＋）
- 撮像システムの空間周波数特性（−）
- 画像再構成アルゴリズム（±）
- 実装精度（＋）
- コスト（±）

などがあげられる．リスト内の符号は，各要因の技術トレンドが個眼ユニット

数の増減に及ぼす作用の方向性を示す.

これらは周辺技術に影響されるものであり，6.2節で述べたように，技術の進歩によって状況が変化する．イメージセンサの受光セルを個眼ユニットに分割するため，個眼あたりの画素数はそれによって決定される．個眼あたりの画素数が多いほど，高解像画像を得ることができ，物体情報計測の精度を高めることができる．しかし，マイクロレンズアレイの結像性能を向上させることは容易ではなく，最終的には，光の回折限界によって制約されてしまう．さらに，複眼撮像システムの空間周波数特性の制約により，個眼ユニット数は上限が定まっているため，微細化が進む技術トレンドを考慮すると相対的に減少する方向に作用すると考える．画像再構成アルゴリズムによりその制約は緩和できるが，画像再構成アルゴリズムでは個眼あたりの画素数が多いほど良好な結果が得られることが示されている．コストは多くの要因が関連するため，増減のどちらにも作用する．

異種混合個眼ユニットにより構成される複眼撮像システムの場合には，以下の要因が追加される.

- 課題解決に要求される個眼ユニット数，性能（＋）
- 機能光学素子の性能，サイズ（＋）

特に，異種混合複眼システムは適用対象の課題と密接な関係をもつため，必要な要件は課題内容によって決まる．この場合も，均一同種複眼システムに課せられた条件を考慮しなければならない．特に，コストは利用可能な技術によって大きく変化し，他の解決手段との比較が重要になる.

さらに，システム全体のサイズも大きな制約要因になる．少々大きくても問題ない用途であれば，過度に小型化したハードウェアは必要ない．イメージセンサを複数利用する実装形態も考えられる．ただし，小型，軽量，機能集積という現代の技術トレンドとは逆方向であり，複数のイメージセンサからの映像信号の取り扱いも容易ではない.

複眼撮像システムの魅力は，小型，軽量な筐体にさまざまな機能を集積できる点にある．機能的には不十分でも，携帯性や機能性を重視する用途に適した可能性と自由度を有している．その点を考慮すると，小型・軽量化の方向性は

理にかなったものである．さらに，集積化によりシステムの信頼性を高めることができ，何より，半導体デバイスをはじめとする各種デバイスの開発トレンドに合致する．

表 11.1 個眼分割数に対する作動距離の変化

個眼分割数 M	作動距離	減少率 ΔD
1	100%	
2	50.0%	50.0%
4	25.0%	25.0%
6	16.8%	8.3%
10	10.0%	6.7%
20	5.0%	5.0%

　図 4.2 に示したように，光学系の作動距離は個眼分割数 M の逆数に比例する．M から M' への変化に伴う作動距離の減少率 ΔD は，

$$\Delta D = \left| \frac{1}{M} - \frac{1}{M'} \right| \tag{11.1}$$

であり，$M = 2$ がもっとも変化量が大きく，M が大きくなるほどに変化量は著しく減少する．表 11.1 に個眼分割数 M の変化に対する光学系の作動距離の変化をまとめる．

　表からも明らかなように，システムの薄型化がもっとも著しいのは単純結像系を 2×2 の複眼結像系に分割した場合であり，それ以上の分割は薄型化にはあまり貢献しない．すなわち，現状システムの薄型化を目的とするのであれば，個眼ユニット数 2×2 でも十分な効果が得られる．

　その他，技術的な新規性を求めるか，あるいは，現実的な解決法を追求するか，という思想的な観点がある．私たち人間にとって，昆虫の複眼は非常に特異な視覚器官であり，複眼を応用した撮像システムというだけで多くの人の関心を引くことができる．その反面，実現には多くの課題が付随することは本書で述べた通りである．しかし，課題は新たな技術発展の源でもあり，その点で昆虫の複眼を模倣した人工複眼撮像システムの開発は技術を牽引している．

　一方，目の前にある課題に対する現実的な解決法としては，新規性だけにこだわることはできない．もし，周辺技術を含めた開発が必要になるようであれば，その解決法は非効率的であり，他の方法を探すべきである．

このようにさまざまな検討項目が交錯するシステム仕様が個眼ユニット数であり，複眼撮像システムの可能性を包含したシステムパラメータということができる．

11.2　光学系／演算系バランス

　計算イメージングの実装における普遍的な課題として，光学的符号化を行う光学系と復号演算を行う演算系とのタスク分配があげられる．この問題は，光／電子融合システムに共通する課題として一般化できる．そこで，光／電子融合システムにおける光学系／演算系バランスについて考察する．

　レンズに代表される光学素子は結像や集光など特定のタスクに対して優れた機能を提供する．これらの機能は，光が光学素子を通過する速さ，すなわち光が伝播する速度で実行されるため，非常に高い処理スループットを特徴とする．しかし，複雑な光学的符号化の実装には，それに応じた複雑な光学系を用意する必要がある．一般的に光学系は実装体積が大きい上，高精度なものは製造が難しく，コストの増加が伴う．

　一方，コンピュータをはじめとする演算系の処理能力向上は著しい．特にグラフィック専用プロセッサの性能向上は顕著であり，計算イメージングにおける復号演算が各画素ごとの並列処理として実行できるものであれば，高い処理スループットが得られる．ただし，計算量は光線数と画素数ともに正比例するため，画像が高解像になるほど，大きな計算パワーが要求される．

　図 11.1 に，光学系と演算系のタスクバランスが光／電子融合システムの特性に及ぼす影響を図示する．処理スループットと解像点数については，光学系が担当するタスクが多いほど向上する．レンズや光学素子が捉える光線情報は非常に大きいため，演算プロセッサの能力が向上しても光学系の能力を超えることは難しい．

　反対に，処理の機能性と柔軟性については，演算系によるタスクが多いほど優位に働く．デジタル演算がもたらす機能性と柔軟性は何ものにも変え難く，光／電子融合システムにおいても有効利用されるべきである．コストは製造技

11.2 光学系／演算系バランス

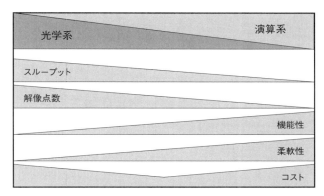

図 11.1 光学系／演算系バランスによる光／電子融合システムの特性変化

術や要求性能によって変化するが，一般には光学系と演算系のどこかのバランスで最適点があると考えられる．

光／電子融合システムにおける光学系と演算系のバランスを決める具体的要因として，例えば，以下のものが考えられる．

- 光学系の作製精度（＋）
- 演算プロセッサの処理能力（−）
- 実装技術（＋）
- システムサイズ（−）
- 処理アルゴリズム（−）
- 機能更新性（−）
- 製造コスト（−）
- エネルギー消費量（＋）

リスト内の符号は，各要因の技術トレンドが光学系タスクの増加に及ぼす作用の方向性を示す．

　光学系を高精度に作製することができれば，光学系タスクを増加させる方向に作用する．演算プロセッサの処理能力は年々向上し，演算系による処理の増加を後押しする．システムサイズは小型化に向かい，大きな装置体積を必要とする光学系には不利である．処理アルゴリズムの複雑化や機能更新の必要性はともに演算系拡大に働く．製造コストについても光学系実装にかかるコストが

大きいため同様である．エネルギー消費量は，演算処理にも依存するが，受動
光学素子の利用を考える限り，光学系タスクを増加させる方が有利である．

　光学系と演算系の関係は，コンピュータをはじめとするデジタル機器におけ
るハードウェアとソフトウェアの関係になぞらえることができる．すなわち，
処理の主体となる光学系やハードウェアは容易に変更できないが，演算系やソ
フトウェアがシステムの柔軟性を補完する役割を果たし，システム全体として
の機能性を高めることができる．この点からも，光／電子融合システムの実装
形態は合理的なものであり，光学系／演算系のタスク配分は普遍的な課題とし
て今後も検討されるべきである．

　この課題に対する一つの解決の糸口が，10.4 節で述べた光学系の仮想化にあ
る．この手法では光学系で実行されるタスクを演算系の一部として取り込むこ
とで非常に高い自由度を得ている．もはや光学系と演算系の境界はあいまいに
なり，両者が溶け込んだイメージングシステムが実現される．このようなシス
テムでは，全体が一つのシステムとして機能し，光学系と演算系を区別する必
要性も希薄になる．

　さらに，想像を逞しくすれば，図 11.2 に示すように，光線情報を含むあら
ゆる物体情報を取得するシステムやイメージング・物体認識を実行するシステ
ムは，タスクごとに特化された別々のシステムに分化する．そして，それらが
クラウドを介して統合され，実世界とサイバー空間を融合しながら，世界全体
を俯瞰する巨大な一つの視覚情報システムとして機能するような将来像が描か
れる．

11.3　連立像眼と重複像眼

　複眼を巡る考察のおわりに，再び，自然界に見られる複眼に話を戻したい．
冒頭で述べたように，自然界の複眼において工学応用に適した複眼として，連
立像眼を紹介した．そして，進化の方向として，まず連立像眼が発生して，環
境変化に伴う自然淘汰を経て重複像眼が現れたと考えられるとも述べた．これ
をヒントにすると，複眼撮像システムにおいても，連立像眼をモデルにしたも

11.3 連立像眼と重複像眼   181

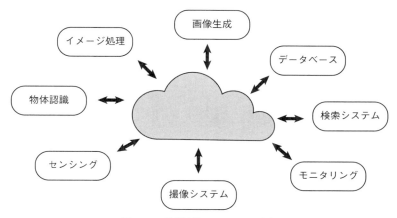

図 11.2　視覚情報システムの将来像

のをベースにして，特定の課題に特化された重複像眼応用システムに発展させるという方策が考えられる．

その観点から視野重複かつ均一同質個眼ユニットに基づく TOMBO 型複眼撮像システムを見直してみる．TOMBO システムでは個眼ユニットごとに信号分離隔壁により，ユニット間の独立性が実現されている．しかし，図 11.3 に示すように，物体上の各点の情報が複数の個眼ユニットで取得され，それらは物体像の同一箇所の情報に対応する．物体信号の流れから考察すると，TOMBO システムは重複像眼型の複眼撮像システムと見なせる．

TOMBO システムでは信号分離隔壁近くの情報が欠けてしまう．もともと信号分離隔壁を導入したのは，個眼ユニット間で取得信号が混ざり合うことにより，再構成処理が複雑になることを回避するのが主な理由であった．個眼ユニット間の混信を防ぐ代わりに，各個眼ユニット周辺部の情報減少については許容した．これは，周辺領域まで優れた結像性能をもつ個眼レンズの開発が困難であることとも関連し，実質的には各個眼ユニット中心領域での信号を重視することになる．TOMBO システムにおけるさまざまな画像再構成アルゴリズムが開発されているが，これまでのところ，周辺部の情報減少による再構成画像の劣化までは検討されていない．

しかし，複眼撮像システムのさらなる画質向上を目指すのであれば，個眼ユ

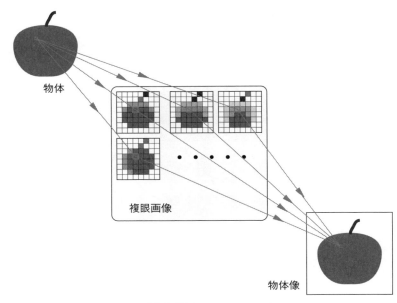

図 11.3　重複像眼としての TOMBO システム

ニット周辺領域の有効活用は不可欠である．図 6.2 に示したように，信号分離隔壁の有無により，撮像画像の明るさが大きく変化するが，これは取得信号の多寡を反映している．言い換えれば，信号分離隔壁がない方がより多くの光信号を捉えることができる．例えば，重複取得された信号は，10.2.4 項の重畳イメージングで紹介した手法により分離できる．同様の演算処理により，信号分離隔壁を取り除いた複眼システムによる高解像画像の再構成が期待される．ハードウェア的には，信号分離隔壁は高アスペクト比の製造技術が必要であり技術上のネックになっているため，信号分離隔壁の除去はシステム開発上のブレークスルーになりうる．

ある種の重複像眼は連立像眼の個眼レンズの周囲の色素が抜けたことで構成されたと考えられている[2]．同様の機構を複眼撮像システムに組み込むことにより，利用環境に応じてシステムの撮像特性を変更させることができる．あるいは，6.1.1 項において述べたように，高さが不足する信号分離隔壁の移動により，捉える光信号を制御することも可能である．このように，自然界におけ

る連立像眼からはじまった重複像眼への進化は，複眼撮像システムにおいても当てはまり，さらなる発展性を示唆している．

おわりに

　本書の締めくくりにあたり，長年，複眼カメラの研究に携わってきた中で得られた知見や反省を述べてまとめとしたい．

　複眼撮像システム TOMBO 開発のきっかけは，なんとなく心に残っていた昆虫の複眼に対する興味と，新たな研究テーマ探索に向けた産みの苦しみの出会いによる．非常に薄いカメラの実現を夢見て，光学的な面白さと信号処理との組み合わせの可能性を感じつつ研究開発を開始した．

　大阪府地域結集型共同研究事業という大きなプロジェクトへの参加機会を得たことは何よりの幸運であった．当時はデジタルカメラが普及しはじめた頃で，大きな筐体をもつカメラの光学系を分割することにより，小さくできないかという発想からスタートした．実際，研究をはじめてみると，微小な光学系を精密に組み上げなければならず，構想していたような物体像をなかなか得ることができなかった．しかし，多数の研究協力者のおかげで技術が磨き上げられ，現在では製品化に至っている．

　TOMBO システムの特徴を一言でいうと，多様な要求に応えうる柔軟性の高さである．要素単位である個眼ユニットの組み合わせとして構成される階層的システムは，課題に応じてカスタマイズ可能である．また，デジタル演算処理との連携が容易であり，ハードウェアとソフトウェアを融合した計算イメージングのプラットフォームとしても有用である．

　複眼撮像システムは，さまざまなハードウェアの小型化，集積化，分散化の技術トレンドに沿ったものといえる．半導体集積回路の高密度化に牽引され，情報デバイスやエレクトロニクス機器の多機能集積化と小型化が進められている．さらに，情報ネットワークの発達により，演算システムや記憶機器はクラウドとしてネットワークに溶け出し，実世界との接点としての IoT エッジデバ

イスの重要性が増している．その際，ネットワークやクラウド上のサーバーの負荷を減らすためには IoT エッジデバイスを活用した分散処理が有効な解決法を提供する．複眼撮像システムの特性は，まさに現代の情報技術のトレンドに適合したものである．

TOMBO システムが国際的に知られるようになった背景として一つの出来事があった．DARPA（米国国防総省）のプロジェクトに参画する研究者らが複眼撮像システム TOMBO に大変興味をもち，関連研究を盛り上げるべく COSI（Computational Optical Sensing and Imaging）という米国光学会（現 Optica）主催の専門会議を開催した．その会議では一つのセッションがまるごと TOMBO システムを参照モデルにした研究報告にあてられていた．同会議は計算イメージング興隆のきっかけになり，現在も活発に継続されている．当時はあまり意識しなかったが，今振り返るととても光栄なことであり，かつ，TOMBO システムと計算イメージングを結びつける重要なきっかけになった．

このように素晴らしい特徴と大きな可能性を秘めた TOMBO システムであるが，現代の科学技術の例にもれず，多数の技術が集積された成果物である．今後，複眼撮像システムを開発するためには，光学，エレクトロニクス，情報技術，数理科学，ソフトウェア，実装技術，応用分野に関する知識が必要である．それぞれ大きな技術分野なので，特に重要な内容として，光学における結像理論，信号理論，画像処理プログラミングなどがあげられる．それに加えて，設計・製造には微小光学，イメージセンサ，実装技術などが不可欠になる．

複眼撮像システムの研究を続けてきて一番強く感じたのは，複眼という特殊な視覚器官に対する期待の大きさである．カメラをはじめとする光学システムは，既に完成された形態や体系をもっている．要素技術の高性能化は着実に進められているが，それらを一気に飛び越えるような画期的なシステムはなかなか現れない．複眼撮像システムはその壁を越える可能性をもつシステムとして強く期待されている．

しかしながら，既成概念の壁も同時に体験した．画像は画質が命であり，大画素数イメージセンサを使用する以上，高解像画像が撮影できて当たり前との批判をしばしば受けた．取得情報量は限られており，2 次元平面情報を奥行や波

長など多次元情報に振り分ける以上，再構成画像の画質は劣化する．イメージセンサや演算能力の制約により，十分な画質の再構成画像を得ることができず，その点を問題視される機会が少なからずあった．この点については，イメージセンサの高画素化をはじめとするイメージング技術の進展や対象課題の拡大により，徐々に改善されていくものと考える．

　複眼撮像システムへの期待は，起業への期待としても反映された．2018年に科学技術振興機構のSCOREという起業支援プログラムに採択され，多くのことを学ぶ機会を得た．その中で，起業を成功させるためには，世の中の困りごとありきで，それを解決するための適切な手段を提供することが本質であることを学んだ．複眼撮像システムの場合，手段が先にあり，困りごとを後から探す形になる．これは，プロジェクトや研究成果をシーズとする起業において，共通して見られる構図であり，最先端技術の活用による起業が容易ではないことの理由でもある．当初，TOMBOシステムをハードウェアとして提供するビジネスを考えていたが，それでは成り立たないことを知った．当時の共同研究者が企業に再就職し，複眼カメラ製品化が実現できる状況になったため，結局，起業については断念した．

　どんな技術にも流行り廃りがある．まったく新しく生み出された研究成果はいわば赤ん坊である．どのような子供として育ち，大人に成長していくかは生来の資質だけでなく，環境などの外的要因が大きく作用する．最先端研究で生み出された成果であっても，必ずしも順調に育っていくとは限らない．一部の選ばれた技術が社会に貢献し，さらに高度化しながら成熟した技術となり，社会の発展を促す．

　それに対して，技術の進展に伴い，陳腐化して取り残されていく技術も出てくる．いわゆる枯れた技術であるが，成熟しつくされた技術がある一方，成熟を見ずして枯れてしまった技術も存在する．しかし，一見，枯れた技術に見えても，じつは身を潜めているだけかもしれない．生物進化の過程で，現存する生物は自然淘汰の勝者か，あるいは，身を潜めていたものかのいずれかであると述べた．そう考えると，枯れたように見える技術に目を向けることも一つのバイオミメティクスの考え方といえよう．複眼撮像システムはまさにそのよう

な技術の一例ではないかと考えている.

　ご存知のように，情報技術の進展は非常に早い．少し前に常識だったものがあっという間に時代遅れになってしまう．それに対して，自然科学分野は一つひとつの研究成果の上に成り立っており，情報技術の進展速度にはかなわない．しかし興味深いことに，このような状況は情報システムにおいても存在する．ソフトウェアの進化に対して，ハードウェアの開発が追いつかない状況が多々見られる．そのため，ソフトウェアによるアップデートという方法で，システム機能の向上が図られている．その観点でも，複眼撮像システムはハードウェアとソフトウェアの協調処理の上に成り立っており，合理的な情報システム形態ということができる.

　複眼撮像システムは非常に大きな可能性を秘めたイメージングシステムである．筆者の拙い文章では，その全貌を十分に伝えることができたとは言い難い．しかし，たとえその一部であっても，複眼撮像システムの面白さを知っていただけたのであればこれほど嬉しいことはない．それが種となり，芽が出て，やがて大きな樹に成長することを夢見て，締めくくりとしたい.

谷田　純

文　　献

1) Jeffrey S. Sanders and Carl E. Halford. Design and analysis of apposition compound eye optical sensors. *Optical Engineering*, Vol. 34, No. 1, pp. 222 – 235, 1995.

2) 寺北明久, 蟻川謙太郎（編）. 見える光, 見えない光. 共立出版, 2009.

3) 長田義仁（編集代表）（編）. バイオミメティックスハンドブック. エヌ・ティー・エス, 2000.

4) 篠原現人, 野村周平. 生物の形や能力を利用する学問バイオミメティクス. 東海大学出版部, 2016.

5) Jun Tanida, Tomoya Kumagai, Kenji Yamada, Shigehiro Miyatake, Kouichi Ishida, Takashi Morimoto, Noriyuki Kondou, Daisuke Miyazaki, and Yoshiki Ichioka. Thin observation module by bound optics (tombo): concept and experimentalverification. *Appl. Opt.*, Vol. 40, No. 11, pp. 1806–1813, Apr 2001.

6) 谷田純. 複眼画像システム. 光学, Vol. 39, No. 7, pp. 313–319, 2010.

7) 谷田純. コンピュテーショナル撮像技術とその応用展開. 光学, Vol. 46, No. 10, pp. 388–392, 10 2017.

8) 砂川重信. 電磁気学. 岩波書店, 1987.

9) 村田和美. 光学. サイエンス社, 1979.

10) Kenjiro Hamanaka and Hiroshi Koshi. An artificial compound eye using a microlens array and its application to scale-invariant processing. *Optical Review*, Vol. 3, No. 4, pp. 264–268, 1996.

11) 下澤楯夫, 針山孝彦（編）. 昆虫ミメティクス. エヌ・ティー・エス, 2008.

12) 奥富正敏, 清水雅夫, 藤吉弘亘, 堀修（編）. ディジタル画像処理. 画像情報教育振興協会, 改訂第 2 版, 2020.

13) Matthew P. Edgar, Graham M. Gibson, and Miles J. Padgett. Principles and prospects for single-pixel imaging. *Nature Photonics*, Vol. 13, No. 1, pp. 13–20, 2019.

14) 慎作日浦. コンピュテーショナルフォトグラフィ. 電子情報通信学会誌 ＝ The journal of the Institute of Electronics, Information and Communication Engineers, Vol. 95, No. 9, pp. 823–828, 09 2012.

15) 中川治平. レンズ設計工学. 東海大学出版部, 1986.

16) Jan Erik Solem. 実践コンピュータビジョン. オライリー・ジャパン, 2013.

17) 上村豊. 逆問題の考え方　結果から原因を探る数学. 講談社, 2014.

18) R. Ng, M. Levoy, M. Brdif, G. Duval, M. Horowitz, and P. Hanrahan. Light field photography with a hand-held plenoptic camera. Doctoral dissertation, Stanford

university, 2005.

19) 谷田純. 概論：コンピュテーショナルイメージング. 光技術コンタクト, Vol. 56, No. 655, pp. 4–8, 6 2018.

20) David J. Brady and Nathan Hagen. Multiscale lens design. *Opt. Express*, Vol. 17, No. 13, pp. 10659–10674, Jun 2009.

21) Patrick Llull, Lauren Bange, Zachary Phillips, Kyle Davis, Daniel L. Marks, and David J. Brady. Characterization of the aware 40 wide-field-of-view visible imager. *Optica*, Vol. 2, No. 12, pp. 1086–1089, Dec 2015.

22) Yang Cheng, Jie Cao, Yangkun Zhang, and Qun Hao. Review of state-of-the-art artificial compound eye imaging systems. *Bioinspiration & biomimetics*, Vol. 14, No. 3, p. 031002, 2019.

23) Ki-Hun Jeong, Jaeyoun Kim, and Luke P. Lee. Biologically inspired artificial compound eyes. *Science*, Vol. 312, No. 5773, pp. 557–561, 2006.

24) Andreas Brückner, Jacques Duparré, Robert Leitel, Peter Dannberg, Andreas Bräuer, and Andreas Tünnermann. Thin wafer-level camera lenses inspired by insect compound eyes. *Opt. Express*, Vol. 18, No. 24, pp. 24379–24394, Nov 2010.

25) R. Plemmons, S. Prasad, S. Mathews, M. Mirotznik, R. Barnard, B. Gray, P. Pauca, T. Torgersen, J. van der Gracht, and G. Behrmann, "PERIODIC: Integrated Computational Array Imaging Technology," in Adaptive Optics: Analysis and Methods/Computational Optical Sensing and Imaging/Information Photonics/Signal Recovery and Synthesis Topical Meetings on CD-ROM, OSA Technical Digest (CD), paper CMA1, Optica Publishing Group, 2007.

26) N. J. Marshall, M. F. Land, C. A. King, and T. W. Cronin. The compound eyes of mantis shrimps (crustacea, hoplocarida, stomatopoda). i. compound eye structure: The detection of polarized light. *Philosophical Transactions: Biological Sciences*, Vol. 334, No. 1269, pp. 33–56, 1991.

27) 豊田孝. CMOS イメージセンサを用いた複眼カメラとその応用. 映像情報メディア学会誌, Vol. 63, No. 3, pp. 284–287, 2009.

28) 大阪府地域結集型共同研究事業 テラ光情報基盤技術開発 研究成果報告書. 大阪府, 2002.

29) ラズベリー財団, https://www.raspberrypi.org/

30) PiTOMBO, https://www.aelnet.co.jp/pit-top/

31) 内海裕一. Liga プロセス—マイクロデバイスへの応用と今後の展望—. 放射光, Vol. 18, No. 3, pp. 136–147, 2005.

32) Jun Tanida, Rui Shogenji, Yoshiro Kitamura, Kenji Yamada, Masaru Miyamoto, and Shigehiro Miyatake. Color imaging with an integrated compound imaging system. *Opt. Express*, Vol. 11, No. 18, pp. 2109–2117, Sep 2003.

33) Rui Shogenji, Yoshiro Kitamura, Kenji Yamada, Shigehiro Miyatake, and Jun Tanida. Multispectral imaging using compact compound optics. *Opt. Express*, Vol. 12, No. 8, pp. 1643–1655, Apr 2004.

34) 赤尾佳則, 生源寺類, 津村徳道, 山口雅浩, 三宅洋一, 谷田純. 複眼光学系を用いた偏角画像同時計測による 光学的変化素子の特性解析. Optics and Photonics Japan 2005 講演予稿集, 2005.

文　　献　　191

35) Daisuke Miyazaki, Hiroki Shimizu, Yoshizumi Nakao, Takashi Toyoda, and Yasuo Masaki. High-speed sequential image acquisition using a CMOS image sensor with a multi-lens optical system and its application for three-dimensional measurement. In Erik Bodegom and Valérie Nguyen, editors, *Sensors, Cameras, and Systems for Industrial/Scientific Applications X*, Vol. 7249, p. 72490T. International Society for Optics and Photonics, SPIE, 2009.

36) Sung Cheol Park, Min Kyu Park, and Moon Gi Kang. Super-resolution image reconstruction: a technical overview. *IEEE Signal Processing Magazine*, Vol. 20, No. 3, pp. 21–36, 2003.

37) Kouichi Nitta, Rui Shogenji, Shigehiro Miyatake, and Jun Tanida. Image reconstruction for thin observation module by bound optics by using the iterative backprojection method. *Appl. Opt.*, Vol. 45, No. 13, pp. 2893–2900, May 2006.

38) Andrew Lumsdaine and Todor Georgiev. The focused plenoptic camera. In *2009 IEEE International Conference on Computational Photography (ICCP)*, pp. 1–8, 2009.

39) 谷田純, 宮崎大介, 山田憲嗣, 一岡芳樹. 複眼画像入力装置, 特許第 4012752, 2007.

40) 上田雅俊（監修）, 田中昭男, 前田勝正（編）. 歯周病治療の基礎と臨床. 永末書店, 第 2 版, 2011.

41) Jun Tanida, Hiroki Mima, Keiichiro Kagawa, Chizuko Ogata, and Makoto Umeda. Application of a compound imaging system to odontotherapy. *Optical Review*, Vol. 22, No. 2, pp. 322–328, 2015.

42) Jun Tanida, Hirotsugu Akiyama, Keiichiro Kagawa, Chizuko Ogata, and Makoto Umeda. A stick-shaped multi-aperture camera for intra-oral diagnosis. In Abhijit Mahalanobis, Amit Ashok, Lei Tian, Jonathan C. Petruccelli, and Kenneth S. Kubala, editors, *Computational Imaging II*, Vol. 10222, p. 102220L. International Society for Optics and Photonics, SPIE, 2017.

43) 津村徳道, 羽石秀昭, 三宅洋一. 重回帰分析によるマルチバンド画像からの分光反射率の推定. 光学, Vol. 27, No. 7, pp. 384–391, 7 1998.

44) 山田憲嗣. 立体内視鏡 1.

45) 香川景一郎. 立体内視鏡 2.

46) 野波健蔵. ドローン産業応用のすべて―開発の基礎から活用の実際まで―. オーム社, 2018.

47) Tetsuya Nakanishi, Keiichiro Kagawa, Yasuo Masaki, and Jun Tanida. Development of a mobile TOMBO system for multi-spectral imaging. In Tetsuya Kawanishi, Surachet Kanprachar, Waranont Anukool, and Ukrit Mankong, editors, *Fourth International Conference on Photonics Solutions (ICPS2019)*, Vol. 11331, p. 1133102. International Society for Optics and Photonics, SPIE, 2020.

48) 日本自動認識システム協会（編）. よくわかる生体認証. オーム社, 2019.

49) Rui Shogenji, Yoshiro Kitamura, Kenji Yamada, Shigehiro Miyatake, and Jun Tanida. Bimodal fingerprint capturing system based on compound-eye imaging module. *Appl. Opt.*, Vol. 43, No. 6, pp. 1355–1359, Feb 2004.

50) Rudolf L. van Renesse. *Optical Document Security*. Artech House, 3rd edition

edition, 2005.

51) 赤尾佳則, 中尾良純, 豊田孝, 東川佳靖, 谷田純. 複眼光学系を用いたハンドヘルド型 ovd 偏角撮像システム. 第 57 回応用物理学関係連合学術講演会, 2010.

52) Yoshinori Akao, Yoshiyasu Higashikawa, and Jun Tanida. Gonio-observation of handwritten strokes by using coaxial illumination module and compound-eye image-capturing system. In JSAP-OSA Joint Symposia 2015 Abstracts, p. 15p_2F_14. Optica Publishing Group, 2015.

53) 清水直樹. インテグラルフォトグラフィ. 映像情報メディア学会誌, Vol. 68, No. 1, pp. 76–78, 2014.

54) Satoru Irie, Rui Shogenji, Yusuke Ogura, and Jun Tanida. Photonic information techniques based on compound-eye imaging. In Auke Jan Ijspeert, Toshimitsu Masuzawa, and Shinji Kusumoto, editors, Biologically Inspired Approaches to Advanced Information Technology, pp. 252–264, Berlin, Heidelberg, 2006. Springer Berlin Heidelberg.

55) Edward R. Dowski and W. Thomas Cathey. Extended depth of field through wave-front coding. *Appl. Opt.*, Vol. 34, No. 11, pp. 1859–1866, Apr 1995.

56) Tomoya Nakamura, Ryoichi Horisaki, and Jun Tanida. Experimental verification of computational superposition imaging for compensating defocus and off-axis aberrated images. In Imaging and Applied Optics Technical Papers, p. CM2B.4. Optica Publishing Group, 2012.

57) Tomoya Nakamura, Ryoichi Horisaki, and Jun Tanida. Computational superposition compound eye imaging for extended depth-of-field and field-of-view. *Opt. Express*, Vol. 20, No. 25, pp. 27482–27495, Dec 2012.

58) George Barbastathis, Aydogan Ozcan, and Guohai Situ. On the use of Deep Learning for Computational Imaging. *Optica*, Vol. 6, No. 8, pp. 921–943, 2019.

59) Jun Tanida. Multi-aperture optics as a universal platform for computational imaging. *Optical Review*, Vol. 23, No. 5, pp. 859–864, 2016.

60) 日野英逸, 村田昇. スパース表現の数理とその応用, 第 6 巻, 第 3 章. アドコム・メディア株式会社, 2013.

61) 酒井智弥. 圧縮センシングの数理. 光学, Vol. 52, No. 10, pp. 412–419, 10 2023.

62) Ryoichi Horisaki, Kerkil Choi, Joonku Hahn, Jun Tanida, and David J. Brady. Generalized sampling using a compound-eye imaging system for multidimensional object acquisition. *Opt. Express*, Vol. 18, No. 18, pp. 19367–19378, Aug 2010.

63) Ryoichi Horisaki and Jun Tanida. Multi-channel data acquisition using multiplexed imaging with spatial encoding. *Opt. Express*, Vol. 18, No. 22, pp. 23041–23053, Oct 2010.

64) 多田智史. あたらしい人工知能の教科書. 翔泳社, 2016.

65) 岡谷貴之. 深層学習. 機械学習プロフェッショナルシリーズ. 講談社, 改訂第 2 版, 2022.

66) 中西哲也. 深層学習による複眼撮像システム tombo の機能拡張と農業応用. Master's thesis, 大阪大学, 2020.

67) Fashion-mnist, https://github.com/zalandoresearch/fashion-mnist/

68) Tomoya Nakamura, Ryoichi Horisaki, and Jun Tanida. Computational phase modulation in light field imaging. *Opt. Express*, Vol. 21, No. 24, pp. 29523–29543, Dec 2013.

69) コンセンサス・ベイ株式会社. ブロックチェーンのしくみと開発がしっかりわかる教科書. 技術評論社, 2019.

70) Andreas M. Antonopoulos and Gavin Wood. マスタリング・イーサリアム. オライリー・ジャパン, 2019.

71) 磨有祐実, 山田憲嗣, 谷田純, 中山文. ブロックチェーン技術に基づく資料流通システム. 人文科学とコンピュータシンポジウム 2023 論文集, pp. 125–130, 2023.

索　引

A

AI 技術　161

C

CMOS イメージセンサ　89
CNN　164
COSI　186

D

DARPA　186

F

Fermat の原理　5
F 値　39

I

IoT エッジデバイス　186
IoT デバイス　84

K

k-スパースベクトル　156

L

L2 ノルム　32
LIGA　88

M

Malus の定理　5
Maxwell 方程式　1

N

NDVI　138
NFT　172

O

OTF　44
OVD　142

P

PiTOMBO　84
Planck 定数　5
PSF　43
PSF エンジニアリング　151
PSNR　117

R

Raspberry Pi 84, 90, 137

S

SCORE 187
Snell の法則 34

T

TOMBO iii
TOMBO-Plaza1 80
TOMBO 評価システム 75

U

UAV 135
UNet 166

W

Wiener フィルタ 95, 151
Wiener フィルタリング 45

あ 行

アイコナール方程式 4
アクティブパターン投影法 128
圧縮イメージング 158
圧縮センシング 155
厚肉レンズ 36

イーサリアム 172
異種混合個眼ユニット 73, 155, 176
異種混合方式 60
位相変調ライトフィールドイメージング 169
位置不変 43
一体型 TOMBO モジュール 78
イメージ 16
イメージング 16

イメージング技術 16
色収差 40
インコヒーレント光 44
インテグラルフォトグラフィ 145
インデックスカラー方式 18
インバースフィルタ 45, 151

ウェイティング 158
ウェーブレット変換 157
薄肉レンズ 35

エネルギー量子 5
円錐晶体 9, 12

オクルージョン 24
オラクル 173

か 行

開口率 56
解像点数 11, 18
階調数 18
学習フェーズ 164
角膜 9
画素 17
画像 16
画像圧縮技術 19
画像再構成 91
画素ごとカラーフィルタ配置 79, 102
画素再配置法 94
画素サンプリング法 91
画素数 18
画素値 17
カメラ 17
カメラ眼 6, 7
カメラキャリブレーション 23
カラーイメージング 102
カラー画像 17
感桿 12
感棹 9

機械学習 161

索　　引　　197

機械学習イメージング　164
幾何学的モデル　22
幾何光学　4
擬似逆行列　31
逆フーリエ変換　42
逆問題　30
球面収差　40
教師あり学習　162
曲率半径　35
虚像　38
許容錯乱円径　39
距離計測　95
均一複眼光学系　50, 112

空間周波数　41
空間分解能　10
屈折角　34
屈折型重複像眼　12
屈折率　34
屈折率分布型レンズ　12
グラフィック専用プロセッサ　169, 178
グレースケール画像　17
グローバルシャッタ　89

計算イメージング　iv, 20, 46, 74, 148
結像　4, 37
結像作用　33

光学可変デバイス　142
光学系／演算系バランス　178
光学系の仮想化　169, 180
光学中心　22
光学的伝達関数　44
光学的符号化　149, 151, 158
口腔内計測　127
口径　35
光子　5
光軸　34
高周波信号　42
光線　5, 25
光線行列　25, 26
光線-空間ダイアグラム　28

光線群　20
後側焦点　37
後側被写界距離　39
光波　4
個眼　7
個眼画像　66
個眼結像光学系　50
個眼光学系　8
個眼ごとカラーフィルタ配置　81, 102
個眼視野　61
個眼同質性　60
個眼配置　59
個眼ユニット　8, 9, 52, 68
個眼ユニット混信　70
個眼ユニット数　175
コヒーレント光　44
コマ収差　40
固有ベクトル行列　31
昆虫　15
コンピュータグラフィックス　19
コンピュテーショナルイメージング　iv, 20, 148
コンピュテーショナルフォトグラフィ　19, 46
コンボリューション　43
コンボリューション定理　44

さ　行

最適化不規則配列　114
ザイデル収差　40
作動距離　50
サブ画素サンプリング　53, 94, 112
サンプリング点　53

シアリング　158
紫外光　3
視覚器官　6
歯周病　127
システム応答　30
システムパラメータ　68
実空間　43

実像 38
シフト不変 43
絞り 123
視野重複型 61
視野重複率 116
視野被覆率 112
視野分割型 61
自由空間 2
集光作用 33
収差 40
重複像眼 8, 9, 180
主光線 53, 113, 115
主点 37
主平面 37
順伝播型ネットワーク 162
焦点 35
焦点距離 22, 23, 35
進化の過程 14
シングルピクセルイメージング 19
人工知能 161
信号分離隔壁 67, 70
深層学習 163
深層ニューラルネットワーク 163, 165
振動数 3

数理最適化 32
数理モデル 30
ステレオ法 96
スパース 156
スペクトル 41
スペクトル画像 17, 18
スペクトル空間 43
スマートコントラクト 172

正規化植生指標 138
生成フェーズ 165
正則化項 32, 119
正則化パラメータ 32
赤外光 3
節点 37
線形システム 43
線形システムモデル法 95

線形性 43
前側焦点 37
前側被写界距離 39

像面 21
像面距離 21
像面湾曲 40

た　行

ダイナミックレンジ拡張 123
畳み込み演算 43
畳み込みオートエンコーダ 166
畳み込みニューラルネットワーク 164, 166
単一結像光学系 50
単眼 6
単色光 41

超薄型画像入力モジュール 80
超解像 119
重畳イメージング 159

低周波信号 42
データ拡張 165
データ駆動型処理 163
テストデータ 162
テラ光情報基盤技術開発 75, 77
電磁波 2
点像分布関数 43, 151
デンタルミラー型 TOMBO 128
転置 25
転置行列 31
伝播速度 3

等位相面 25
透視投影モデル 22
同種均一個眼ユニット 72, 154, 175
同種均一方式 60
等方性媒質 24
透明層 12
特異値 31
特異値行列 31

索　　引　　199

特異値分解　31
ドローン　135

な　行

ナイキスト周波数　56

2次元相関演算法　95
二重性　5
2次レンズアレイ　47
二値画像　17
入射角　34
ニューラルネットワーク　161
ニューロン　162

は　行

バイオミメティクス　iii, 14
バイオメトリクス　140
ハイブリッド光学系　45
波長　3
バックフォーカス　37
波動光学　4
波動方程式　2
波面　5, 25
汎化　165
反射型重複像眼　12
反復逆投影法　119

ピーク信号対雑音比　117
光　1
被写界深度　39
被写界深度拡張　134, 151
被写界深度拡張法　170
ビッグデータ　163
非点収差　40
瞳関数　44
ピンホールカメラ　21
ピンホールカメラモデル　22

フーリエ変換　42
フォーカススイープ　152

フォーカス操作　23
不規則配列法　113
不均一複眼光学系　114
複眼　i, 6, 7
複眼画像　67
複眼光学系　50
複眼撮像システム　iii, 58
複眼撮像システム TOMBO　66
復号演算　149, 151, 158
物体距離　21
物体情報　20
船井 TOMBO モジュール　82
プレノプティックカメラ　46
プレノプティックカメラ 2.0　121
プレノプティック関数　28
ブロック　171
ブロックチェーン　171

ペイロード　135
ベースライン　96
偏光フィルタ　71
偏光フィルタアレイ　71

放物面型重複像眼　12
本人認証技術　140

ま　行

マージン領域　70
マルチアパーチャカメラ　58
マルチスケールレンズシステム　47, 122
マルチスペクトルカメラ　136

眼　6
目　6
メインレンズ　46, 121

目的関数　32

や　行

ユニット画素数　68

ユニット数　68
ユニット幅　68

横倍率　21

ら　行

ライトフィールド　27
ライトフィールドイメージング　150, 168
ライトフィールドカメラ　46, 120

離散コサイン変換　157
リフォーカス　29, 150

レジストレーション　23

レジストレーション誤差評価法　99
レジストレーション法　94
劣化関数　44
レンズ　33
レンズアレイ　52
レンズ系　41
レンズ設計　19, 41
レンズの公式　37
連立像眼　8, 180

ローリングシャッタ　89

わ　行

歪曲収差　40

著者略歴

谷田　純（たにだ・じゅん）

1981 年　大阪大学工学部応用物理学科卒業
1983 年　大阪大学大学院工学研究科博士前期課程修了
1986 年　大阪大学大学院工学研究科博士後期課程修了
現　　在　大阪大学大学院情報科学研究科情報数理学専攻教授を経て
　　　　　大阪大学名誉教授
　　　　　工学博士
専　　攻　情報フォトニクス

複眼カメラ
—トンボの眼から学ぶ複眼撮像システム—　　　定価はカバーに表示

2024 年 10 月 1 日　初版第 1 刷

著　者　谷　　田　　　　純

発行者　朝　倉　誠　造

発行所　株式会社　朝　倉　書　店

東京都新宿区新小川町 6-29
郵便番号　１６２-８７０７
電　話　03（3260）0141
ＦＡＸ　03（3260）0180
https://www.asakura.co.jp

〈検印省略〉

ⓒ2024〈無断複写・転載を禁ず〉　　　　印刷・製本　藤原印刷

ISBN 978-4-254-21044-6　C 3050　　　Printed in Japan

JCOPY〈出版者著作権管理機構 委託出版物〉
本書の無断複写は著作権法上での例外を除き禁じられています．複写される場合は，
そのつど事前に，出版者著作権管理機構（電話 03-5244-5088，FAX 03-5244-5089，
e-mail : info@jcopy.or.jp）の許諾を得てください．

ビジュアル解説 光学入門

田所 利康 (著)

A5 判／224 頁　978-4-254-13150-5　C3042　定価 4,400 円（本体 4,000 円＋税）

光学の基礎を体系的に理解するために魅力的な写真・図を多用し，ていねいにわかりやすく解説。オールカラー。〔内容〕波としての光の性質／媒質中の光の伝搬／媒質界面での光の振る舞い（反射と屈折）／干渉／回折／付録

光学

谷田貝 豊彦 (著)

A5 判／372 頁　978-4-254-13121-5　C3042　定価 7,040 円（本体 6,400 円＋税）

丁寧な数式展開と豊富な図解で光学理論全般を解説。例題・解答を含む座右の教科書。〔内容〕幾何光学／波動と屈折・反射／偏向／干渉／回折／フーリエ光学／物質と光／発光・受光／散乱・吸収／結晶中の光／ガウスビーム／測光・測色／他

光圧 ―物質制御のための新しい光利用―

石原 一・芦田 昌明 (編著)

A5 判／216 頁　978-4-254-13139-0　C3042　定価 3,850 円（本体 3,500 円＋税）

光圧を主題とした初の成書。基礎理論から利活用まで。〔内容〕光とは／光圧とは／光ピンセット／原子冷却／角運動量／ナノ空間／計測技術／ナノ物質の運動制御・選別／液体・熱効果／非線形光学現象／顕微鏡／化学反応／結晶成長／バイオ

光学ライブラリー 7 ディジタルホログラフィ

早崎 芳夫 (編著)

A5 判／152 頁　978-4-254-13737-8　C3342　定価 3,300 円（本体 3,000 円＋税）

対象の 3 次元データ（ホログラム）を電子的に記録でき，多分野での形状・変位・変形計測に応用可能な撮像方式の理論と応用。〔内容〕原理と記録方法／ホログラムの生成／再生計算手法／応用［工業計測／バイオ応用（DH 顕微鏡）］／他

Python と Q#で学ぶ量子コンピューティング

S. Kaiser・C. Granade(著) ／黒川 利明 (訳)

A5 判／344 頁　978-4-254-12268-8　C3004　定価 4,950 円（本体 4,500 円＋税）

量子コンピューティングとは何か，実際にコードを書きながら身に着ける。〔内容〕基礎（Qubit／乱数／秘密鍵／非局在ゲーム／データ移動）／アルゴリズム（オッズ／センシング）／応用（化学計算／データベース探索／算術演算）

上記価格は 2024 年 8 月現在